Fantastische Rätsel und wie Sie sie lösen können

Oliver Roeder

Fantastische Rätsel und wie Sie sie lösen können

Logik, Wahrscheinlichkeit, Geometrie, Spiele und mehr!

Mit einem Vorwort von Nate Silver

 Springer

Oliver Roeder
FiveThirtyEight
New York, USA

ISBN 978-3-662-61727-4   ISBN 978-3-662-61728-1   (eBook)
https://doi.org/10.1007/978-3-662-61728-1

Die Deutsche Nationalbibliothek verzeichnet diese Publikation in der Deutschen Nationalbibliografie; detaillierte bibliografische Daten sind im Internet über http://dnb.d-nb.de abrufbar.

Übersetzt von Matthias Delbrück Übersetzung der amerikanischen Ausgabe: The Riddler – Fantastic Puzzles from FiveThirtyEight, erschienen bei W. W. Norton & Company, Inc. Copyright © 2018 by ESPN, Inc. Alle Rechte vorbehalten.

Aus dem Amerikanischen übersetzt von Matthias Delbrück

Planung/Lektorat: Lisa Edelhaeuser
Springer ist ein Imprint der eingetragenen Gesellschaft Springer-Verlag GmbH, DE und ist ein Teil von Springer Nature.
Die Anschrift der Gesellschaft ist: Heidelberger Platz 3, 14197 Berlin, Germany

*Für Jack Tabor – Farmer, Winzer, Spielespieler und
Stammvater aller Rätsler*

Vorwort

Viele Leute denken, dass ich gut in Mathe bin, weil ich mit „FiveThirtyEight" eine Website betreibe, die sich dem statistischen Denken verschrieben hat.

In Wirklichkeit bin ich kein sonderlich guter Mathematiker. Ich bekomme immer noch Albträume, wenn ich Ableitungen ausrechnen soll. Ich bin lediglich ein hingebungsvoller Rätsellöser. Letztlich habe ich gerade so viel Mathematik gelernt, um die Aufgaben angehen zu können, die ich interessant finde.

Als ich ein Kind war, zählten dazu einige (ziemlich bescheuerte) Probleme wie die Frage nach der optimalen Reiseroute für meine Familie oder wie ich Erwachsene beim Fantasy Baseball schlagen konnte. Wie Billy Beane in dem Film *Moneyball* brachte ich mir selbst „Sabermetrics" bei (die ziemlich nerdige statistische Analyse der Baseballwelt) – nicht weil ich mich für die Statistik als solche interessierte, sondern weil es mich nervte, dass ich immer gegen alle anderen verlor.[1]

Heute beschäftige ich mich vor allem mit Fragen wie der Wahrscheinlichkeit, dass ein bestimmter Kandidat die nächste Präsidentschaftswahl gewinnt.[2] Das ist ziemlich kompliziert, da Meinungsumfragen (ähem)˙ nicht immer 100 % zuverlässig sind und die Regeln des Electoral College mathematisch komplex sind. (Das Hauptproblem besteht darin, dass die Verhältnisse in einem Staat, z. B. Wisconsin, mit denen in ähnlichen Staaten, etwa Michigan, korreliert sind.) Wenn man aber Techniken wie Matrizenrechnung beherrscht und mit probabilistischem Denken vertraut ist („Kandidat X hat eine 7/10-Chance zu gewinnen, vorausgesetzt dass …"), dann kann man tatsächlich zu einigen vernünftigen Vorhersagen und Abschätzungen gelangen.

Genau diese Rätsellöser-Einstellung hat Oliver Roeder und seine Kolumne „The Riddler" so erfolgreich gemacht. Einige der Aufgaben in diesem Buch könnten zwar auch aus einem Algebra- oder Trigonometrielehrbuch stammen. Die meisten jedoch erfordern etwas, was in der Schule ziemlich selten gelehrt wird: *mathematische Intuition.*

Es handelt sich dabei nicht um Fangfragen, die Sie bewusst in die Irre führen sollen. Und die Rätsel sind auch weder abstrakt noch formal. Stattdessen sind es anregend dornige Aufgaben, ganz ähnlich denen, mit denen ich und

---

[1]Anm. d. Übers.: Der Name „Sabermetrics" kommt von der Abkürzung SABR für „Society for American Baseball Research" (so etwas gibt es), welche eine unglaubliche Anzahl von statistischen Parametern rund um Baseballspieler und -spielbetrieb auswertet. Wer diese Daten am besten parat hat, gewinnt beim Fantasy Baseball, wo man virtuelle Spieler in Teams antreten lässt, die jeweils entsprechend ihrer statistischen Durchschnittswerte Punkte sammeln.

[2]Anm. d. Übers.: Der Name von Nate Silvers Website „FiveThirtyEight" wird in der Einleitung erklärt.

andere Statistiker tagtäglich zu tun haben. Bei einigen gibt es eine exakte Lösung, bei vielen dagegen nicht, sodass Sie dort Wahrscheinlichkeitsaussagen treffen müssen. Selbst mit einer richtig guten mathematischen Intuition müssen Sie zwei oder drei verschiedene Ansätze ausprobieren, bevor Sie auf die richtige Fährte kommen.

Für Leute wie Sie und mich und die übrigen Leser von Olivers Kolumnen klingt das vermutlich nach so viel Spaß wie Herausforderung. Darüber hinaus ist es vor allem auch ein sehr gutes Training. Die meisten von uns sind nicht mit einer geschärften mathematischen Intuition auf die Welt kommen. Und die lässt sich auch nicht einfach so eintrichtern. Die gute Nachricht ist jedoch: *Mathematische Intuition lässt sich lernen!* Und zwar durch Ausprobieren und Üben. Indem wir uns mit Aufgaben und Rätseln beschäftigen, die uns interessieren, wie denjenigen in diesem Buch. Ich bin stolz, dass ich Ihnen Oliver und die Fantastischen Rätsel aus „The Riddler" in Buchform präsentieren kann – und wie sie zu lösen sind! –, und ich hoffe, Sie haben damit ebenso viel Freude wie ich.

Nate Silver

Danksagung

Ganz ähnlich wie unser modernes Verständnis der alt-
ägyptischen mathematischen Papyri würde dieses Buch
nicht existieren ohne die harte Arbeit und große Hingabe
einer großen Gruppe von Menschen. Während ich die
Namen jetzt aufschreibe, werde ich jedes Mal in Dankbar-
keit innehalten und meine Anerkennung mit einer kurzen
arithmetischen Kalkulation zollen.

Großer Dank geht an meinen äußerst umsichtigen
Redakteur bei FiveThirtyEight, Chadwick Matlin, mit
dem zusammen dieses ganze rätselhafte Unternehmen
überhaupt erst entstanden ist; an meinen Lektor bei
W. W. Norton, Tom Mayer, für seine Voraussicht, Geduld
und Kaffeevorräte; an Mike Wilson, jetzt bei den Dallas
Morning News, dessen Entscheidung, mir eine Chance
im Schreibergeschäft zu geben, mir rätselhafter als alle
Aufgaben in diesem Buch ist; und ebenso an Nate Silver,
dem unermüdlichen Gründer und Herausgeber von
FiveThirtyEight, der so freundlich war, dem Projekt

seinen Segen zu geben; an die unendlich kompetenten Copy-EditorInnen Meghan Ashford-Grooms, John Forsyth, Colleen Barry, Sara Ziegler und Natalia Ruiz, welche die „Riddler"-Kolumne Woche für Woche stylisch und schick gehalten haben; an die verblüffend talentierten BildredakteurInnen Gus Wezerek, Ella Koeze, Julia Wolfe und Rachael Dottle, die mit großer Routine die Kolumne mit ihren Tabellen und Grafiken verschönern; an meinen Büronachbarn und Datenzauberer Dhrumil Mehta; an Carl Bialik und Mai Nguyen für ihre Mathenachhilfe – und an David Firestone und Stephanie Roos, die schon wissen, warum.

Würde Rätslerland sich ein Kabinett von Rätselministern geben, gehörten zu den ersten Amtsinhabern die folgenden regelmäßigen Einsender brillanter Beiträge sowohl zu Aufgaben als auch zu Lösungen: Laurent Lessard, Zach Wissner-Gross, Hector Pefo, Diarmuid Early, Guy Moore, Dan Waterbury, Ian Rhile, Tim Black, Tyler Barron, Rob Shearer, Sean Henderson, Dave Moran, Rajeev Pakalapati, Zack Segel, Lucas Jacobson, Luke Benz, Christopher Long, Jason Ash, Laura Feiveson, Jason Weisman, Sawyer Tabony, Satoru Inoue, Dennis Wolfe, Po-Shen Loh und andere, die ich nur aus Versehen und eigener Schusseligkeit übersehen habe. Ein dankbares Land ist euch herzlich verbunden!

Ganz liebe Grüße an meine Eltern Phil Roeder und Mary Tabor, in deren Haus immer noch ein großer Karton aus meiner Kindheit steht mit der Aufschrift „Rätsel und Spiele". Ich hoffe, dass dieses Buch sich einen Platz in diesem Ehrenhof verdienen wird.

Ebenso liebe Grüße an Emily Schmidt, die auf meine Frage, wie ich ihr denn für ihre unschätzbare Unterstützung bei diesem Projekt danken könne, einfach gelächelt und eine Kanne Tee aufgesetzt hat.

Die „Fantastischen Rätsel" des Riddlers sind in allererster Linie eine großangelegte Gemeinschaftsarbeit. Danke an alle Rätsellandbewohner, die sich jemals an die Lösung eines Rätsels gemacht haben.

Inhaltsverzeichnis

Geometrie

Einleitung

Im Jahr 1865 kam das British Museum in den Besitz einer uralten, halb zerbröselten Papyrusrolle. Das Dokument war in den Trümmern des dem ägyptischen Pharao Ramses II. geweihten Totentempels entdeckt worden. Es war mehr als 3000 Jahre alt und in einem entsprechend beklagenswerten Erhaltungszustand. Die Museumskuratoren entrollten den Papyrus äußerst vorsichtig und fixierten ihn zwischen zwei Glasscheiben. Die eine Seite des Dokuments hatte einen tiefen Riss und die andere einen etwa 10 Fuß langen blanken Bereich. Trotz dieses schlechten Zustands konnten die Experten des Museums große Teile des Papyrus in mühseliger Kleinarbeit entziffern und übersetzen. Er wurde unter dem Namen „Rhind-Papyrus" bekannt, nach dem Antiquar, der ihn erworben hatte. Der Text beginnt so: „Das Tor zum Wissen über alles, was existiert, und alle verborgenen Geheimnisse".

Was folgte, stellte sich als die älteste mathematische Rätselsammlung der Weltgeschichte heraus.

Die Aufgaben, die der Rhind-Papyrus stellt, sind keine wirklich große Herausforderung für moderne Leser – insbesondere solche, die gerade dieses Buch in Händen halten. Eine Frage ist beispielsweise: „Wie groß ist das Volumen eines zylindrischen Kornspeichers mit dem Durchmesser 9 und der Höhe 10?" Eine andere Aufgabe lautet: „Summiere diejenigen fünf Glieder einer geometrischen Folge, von denen der erste Term 7 ist und der Quotient 1/7 beträgt." Doch das Dokument ist heute auf andere Weise von unschätzbarem Wert: Die dort überlieferten 84 Aufgaben und Lösungen vermitteln uns einige der klarsten Einsichten in das mathematische Denken und die numerischen Methoden des alten Ägyptens, also mit der ältesten Mathematiker der Welt.

Im Dezember 2015 – 150 Jahre, nachdem der Rhind-Papyrus ins British Museum kam, und drei Jahrtausende nach dem Tod von Ramses II. – begann die Website für empirischen Journalismus FiveThirtyEight, mit mir zusammen eine wöchentliche Rätselkolumne namens „The Riddler"[3] zu veröffentlichen. FiveThirtyEight heißt nach der Anzahl der Wahlmänner- und -frauen im amerikanischen Electoral College, welches formal den US-Präsidenten bestimmt. Die Website entstand aus dem festen Glauben daran, dass nüchterne Datenanalyse und statistische Modellierung überhitzten politischen Diskussionen sehr gut tun würden. Diesen Ansatz hat das Portal seitdem auch auf Sport, Wissenschaft, Wirtschaft und Kultur übertragen. Die Antworten, die FiveThirtyEight gibt, haben große Resonanz bei den Lesern der Website gefunden.

---

[3]Anm. d. Übers.: Im Herbst 2019 hat Oliver Roeder die Redaktion der Riddler-Kolumne an Zach Wissner-Gross übergeben.

Mit „The Riddler" bekamen wir die Chance, nun einmal den Spieß umzudrehen: Nun sind es die Leserinnen und Leser, die die Antworten geben.

Die in diesem Buch gesammelten Rätsel und ihre Lösungen stammen nicht von pflichtbewussten antiken Schreibern, sondern in der Regel von Leuten wie Ihnen und mir. Jede Woche, wenn die neue Kolumne heraus ist, suchen die Leserinnen und Leser bekanntere und weniger bekannte Bezirke des Internet auf: Twitter, Facebook, GitHub, Reddit, Stack Overflow und die verschiedensten Foren jenseits der Standardseiten. Dort wird die Aufgabe seziert, diskutiert und schließlich gelöst. Meine Inbox läuft dann über mit Formeln, Vermutungen, Diagrammen und Videos. Bis zum Hals in einer Flut von cleveren und überraschenden mathematischen Ideen, poste ich dann eine neue Aufgabe und alles beginnt von vorn. Dies zeugt nicht nur von den großen Fortschritten, welche die Mathematik in den letzten 3000 Jahren gemacht hat, sondern auch davon, wie die moderne Technologie Ideen beschleunigen, kombinieren und verbreiten kann. Martin Gardner, Autor einer legendären Kolumne im *Scientific American* im Prä-Internet-Zeitalter, schrieb in seiner Autobiografie: „Eine der großen Freuden, die ich beim Schreiben dieser Kolumne hatte, war der Austausch mit so vielen bedeutenden Mathematikern – was ich selbst natürlich nie war. Ihre Beiträge zu meiner Kolumne gingen weit über alles hinaus, was ich selbst hätte schreiben können, und waren der Hauptgrund für ihre immer weiter wachsende Beliebtheit."[4] Genauso geht es mir

---

[4]Martin Gardner: „Udiluted Hocus-Pocus: The Autobiography of Martin Gardner" (Princeton, NJ: Princeton University Press, 2013), 136. – (Anm. d. Übers.: leider bisher nicht auf Deutsch erschienen, die meisten anderen Bücher von Martin Gardner sind jedoch übersetzt worden, seine Kolumnen finden sich z. B. im Archiv von *Spektrum der Wissenschaft*, der deutschen Schwester von *Scientific American*).

mit all den Leserinnen und Lesern, die so viel zu meiner Kolumne beigetragen haben.

So, jetzt haben Sie also das physische Ergebnis dieser Zusammenarbeit in Ihren Händen. Das Buch enthält 49 Rätsel und Lösungen, die eine möglichst große Breite an mathematischen Interessen und Tiefe an mathematischen Fähigkeiten abdecken sollen. Die einfachsten von ihnen erfordern nur einen kleinen logischen Geistesblitz. Für andere sollten Sie in die Trickkisten von Trigonometrie, Geometrie, Kombinatorik – und sogar ein bisschen Analysis – greifen. Die härtesten Nüsse involvieren ausgefeilte Anwendungen von Analysis und Wahrscheinlichkeitstheorie.

Alle Rätsel sollen Spaß machen! Der altägyptische Papyrus beschäftigte sich mit praktischen Problemen: Kornspeicher, Mehl, Bier, Brot. Hier wird es bisweilen etwas abwegiger und hoffentlich auch entsprechend spaßiger. Jede Aufgabe hat ihre Story: eine dystopische Großstadt, einen Spielplatz im Wilden Westen oder ein NBA-Trainingscamp, um nur einige zu nennen. Sie finden natürlich auch zwei Aufgaben über Pizza – ohne Pizza ist kein mathematisches Rätselbuch wirklich komplett.

Noch eine kurze organisatorische Anmerkung: Als ich die Onlinekolumnen durchforstet und um neue Rätsel für dieses Buch ergänzt habe, fielen die meisten Aufgaben in eine der folgenden drei mathematischen Schubladen: Logik, Wahrscheinlichkeit und Geometrie. In der ersten Gruppe manipulieren Sie vielleicht eine Wahl, tricksen einen Gebrauchtwagenhändler aus oder verausgaben sich beim Wettlauf ins All. In der zweiten Kategorie wehren Sie z. B. eine Invasion von Aliens ab, besuchen einen Nationalpark oder bringen Ihrem Baby das Laufen bei. Die dritte Gruppe lässt Sie möglicherweise den optimalen Kuchen backen, vor einem wütenden

Widder davonrennen oder mit Ihren Geschwistern über die Verteilung einer – ja, genau – Pizza streiten. Auch wenn die Abgrenzung etwas unscharf ist, sollten diese drei Kategorien Ihnen doch ungefähr signalisieren, wo im mathematischen Kosmos Sie sich geraten befinden. Innerhalb jeder Aufgabengruppe nimmt der Schwierigkeitsgrad tendenziell zu, je weiter Sie vordringen.

Auch wenn es richtige und falsche Antworten auf die Rätselfragen geben dürfte, gibt es kein Richtig und Falsch darüber, wie Sie sich durch das Buch bewegen möchten. Wenn Sie beispielsweise auf eine Pizza-Aufgabe stoßen, könnten Sie zu Stift und Papier greifen oder genauso gut mit einer Geometriesimulation auf Ihrem Rechner fahren. Oder Sie wählen den ganz direkten Weg und bestellen (oder backen!) sich eine Pizza, um Ihre Hypothesen experimentell zu überprüfen. So oder so, genießen Sie den Rätselspaß und tragen Sie unsere digitale Kollaboration in die weite Welt hinaus!

Brooklyn, New York   Oliver Roeder

Logik

Logik kümmert sich um sich selbst; wir müssen nur schauen und sehen, wie es funktioniert.
  – Ludwig Wittgenstein

Und wenn Roboter Ihre Pizza schneiden?

Übersicht

Bei der neuen Kette RoboPizza™ schneiden Roboter die Pizzen. Für jeden Schnitt wählen die Roboter zufällig (und unabhängig) zwei Punkte auf dem Umfang der Pizza aus und schneiden dann entlang der Verbindungslinie. Wenn Sie bei Ihrer Bestellung verlangen, dass der Roboter bei Ihrer Pizza genau drei Schnitte machen soll, wie viele Stücke erwarten Sie dann zu bekommen?

eingesandt von Zach Wissner-Gross

Lösung

Sie können erwarten, dass Sie im Mittel Ihre Pizza in fünf Pizzastücke geschnitten serviert bekommen.

Ein Schlüssel zur Lösung ist die Erkenntnis, dass die exakten Positionen der beiden Punkte, welche der Roboter

© Der/die Herausgeber bzw. der/die Autor(en), exklusiv lizenziert durch Springer-Verlag GmbH, DE, ein Teil von Springer Nature 2020
O. Roeder, *Fantastische Rätsel und wie Sie sie lösen können*, https://doi.org/10.1007/978-3-662-61728-1_1

auf dem Umfang für die jeweilige Schnittlinie auswählt, irrelevant sind. Es kommt lediglich darauf an, ob und wie oft sich die Schnittlinien kreuzen. (Die Orte der Schnittlinienendpunkte beeinflussen natürlich die Größe der Stücke, wir interessieren uns hier aber nur für deren Anzahl.)

Für die drei bestellten Schnittlinien muss der zuständige Roboter sechs Punkte auf dem Umfang zufällig festlegen. Dann wählt er zufällig einen davon aus, verbindet ihn – wieder zufällig – mit einem der übrigen fünf Punkte, und schneidet entlang der Verbindungsstrecke. Dann werden jeweils zufällig der dritte und vierte Punkt gewählt, entlang deren Verbindungslinie geschnitten, und schließlich kommt noch der Schnitt entlang der Verbindung zwischen den beiden verbleibenden Punkten. Insgesamt gibt es 15 Auswahlmöglichkeiten, von denen fünf zu vier Pizzastücken führen, sechs zu fünf Stücken, drei zu sechs Stücken und eines zu sieben, wie die Grafik zeigt.

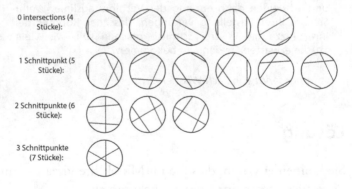

Wegen der strengen Zufallsauswahl durch den Roboter sind alle 15 Szenarien gleich wahrscheinlich. Also beträgt die mittlere zu erwartende Anzahl der Pizzastücke:

$$\frac{5 \cdot 4 + 6 \cdot 5 + 3 \cdot 6 + 1 \cdot 7}{15} = \frac{75}{15} = 5.$$

(Beachten Sie, dass es noch einige seltsame Spezial-fälle gibt, die wir hier nicht berücksichtigt haben. Wenn z. B. der Roboter dieselbe Schnittlinie exakt zwei- oder dreimal entlangfährt oder sich alle drei Schnittlinien in exakt demselben Punkt treffen. Diese Fälle treffen jedoch mathematisch gesehen mit der Wahrscheinlichkeit 0 ein – es sind einzelne Fälle aus einer unendlichen Zahl von wählbaren Randpunkten und somit „vom Maß 0" –, sodass sie nicht in die Berechnung der Wahrscheinlichkeit eingehen.)

Sie können das Ergebnis auf elegante Art ver-allgemeinern: Wenn der Roboter k zufällige Schnitte setzt, ist das Ergebnis $(k+2)(k+3)/6$. Dies lässt sich durch Induktion zeigen. Nennen wir die zu erwartende Pizza-stückzahl bei k Schnitten $E(k)$. Dann gibt es bei $k+1$ Schnitten $E(k) + 1 + k/3$ Stücke. Warum? Der neue Schnitt erzeugt mindestens ein weiteres Stück, und die Chance, dass er eine der k bestehenden Linien schneidet, beträgt jeweils $1/3$. (Warum $1/3$? Die beiden Endpunkte des neuen Schnitts liegen entweder beide auf der einen Seite eines bestehenden Schnitts, auf der anderen Seite oder aber einer links und einer rechts davon – was dann zu einem neuen Schnittpunkt führt. Alle drei Fälle im letzten Satz sind gleich wahrscheinlich.) Wir wissen außerdem, dass ein Schnitt in einer ungeschnittenen Pizza immer zu exakt zwei Stücken führt: $E(1) = 2$. Lassen Sie uns ein biss-chen rechnen:

$$E(1) = 2 \qquad\qquad\qquad = \frac{12}{6}$$

$$E(2) = 2 + 1 + \frac{1}{3} \quad = \frac{10}{3} = \frac{20}{6}$$

$$E(3) = \frac{10}{3} + 1 + \frac{2}{3} \quad = 5 \qquad = \frac{30}{6}$$

$$E(4) = 5 + 1 + \frac{3}{3} \quad = 7 \qquad = \frac{42}{6}$$

$$E(5) = 7 + 1 + \frac{4}{3} \quad = \frac{28}{3} = \frac{56}{6}$$

Wir können jetzt direkt sehen, wie schön die allgemeine Pizzastückzahlformel funktioniert: $E(k) = (k+2)(k+3)/6$.

Lecker, Robopizza!

Können Sie den mysteriösen Trenchcoat-Mann besiegen?

Übersicht

Ein Mann im Trenchcoat steht plötzlich vor Ihnen und zieht einen Umschlag aus seiner Tasche. Er sagt Ihnen, dass dieser einen Geldbetrag in Scheinen enthält, und zwar irgendetwas zwischen 1 und 1000 €. Wenn Sie den exakten Betrag erraten können, dürfen Sie das Geld behalten. Nach jedem Versuch wird der Mann Ihnen sagen, ob Sie zu hoch oder zu niedrig gelegen haben. Aber: Sie haben nur neun Versuche! Was sollte Ihr „First Guess", also der erste Schätzwert sein, damit Ihr zu erwartender Gewinn maximal wird?

eingesandt von Dan Oberste

Lösung

Wenn Sie nur neun Versuche haben, um den Geldbetrag in dem mysteriösen Umschlag zu erraten, sollten Sie als Erstes auf 745 € tippen.

© Der/die Herausgeber bzw. der/die Autor(en), exklusiv lizenziert durch Springer-Verlag GmbH, DE, ein Teil von Springer Nature 2020
O. Roeder, *Fantastische Rätsel und wie Sie sie lösen können*, https://doi.org/10.1007/978-3-662-61728-1_2

Hier gibt es zwei Schlüsselideen: 1) Wenn Sie nur einmal raten dürfen, gewinnen Sie nur dann sicher, wenn es überhaupt nur noch eine Möglichkeit für den unbekannten Betrag gibt. Wenn Sie zwei Versuche haben, gewinnen Sie, wenn es drei Auswahlmöglichkeiten gibt. Sie wählen die mittlere Summe, entweder trifft das zu oder Sie raten nach der Auskunft „höher" bzw. „niedriger" im zweiten Versuch korrekt. 2) Wenn Sie beim letzten Versuch nicht wissen, welche von mehreren Optionen die richtige ist, setzen Sie auf den höheren Wert, weil Sie dann mehr Gewinn zu erwarten haben. (Das hat dieselbe Wahrscheinlichkeit wie der niedrigere Wert, aber Sie bekommen mehr Geld, wenn Sie richtig raten.)

Allgemeiner ausgedrückt gilt bei dieser Strategie: Wenn Sie bei M Auswahlmöglichkeiten mit N Versuchen gewinnen können, können Sie bei $2M+1$ Versuchen mit $N+1$ Versuchen gewinnen. (Sie gewinnen bei einer Option mit einem Versuch, bei drei Optionen mit zwei Versuchen usw.) Da Sie mit jedem Versuch die Zahl der Optionen mehr oder weniger halbieren, können Sie ein Spiel mit (2^n-1) Optionen in n Rateversuchen gewinnen. Damit gewinnen Sie bei neun erlaubten Versuchen mit Sicherheit ein Spiel mit 511 Auswahlmöglichkeiten. Leider haben Sie 1000 verschiedene Geldbeträge zur Auswahl. Indem Sie jetzt Idee 2) verallgemeinern, konzentrieren Sie sich auf die hohen Beträge, um den möglichen Gewinn so groß wie möglich zu machen. Sie tun also schlicht so, als ob die Zahlen 1 bis 489 nicht existieren, und benutzen Idee 1) für die 511 Zahlen von 490 bis 1000. Sie verlieren dann in 489/1000 aller Spiele, aber das hätten Sie auch sonst, und Ihre Strategie 2) garantiert, dass dies die Fälle sind, in denen möglichst wenig zu holen gewesen wäre. Daher sollte Ihr „First Guess" bei $(1000-510/2)=745$ liegen, also genau in der Mitte der 511 Werte zwischen 490 und

1000. Der zu erwartende Gewinn liegt dann bei 745 € · 511/1000 = 380,695 € (745 ist der Mittelwert der möglichen Gewinne und 511/1000 die Wahrscheinlichkeit, dass Sie überhaupt etwas bekommen).

Das peinliche Puzzle der prätentiösen Partygänger

Übersicht

Es ist Freitag, und das bedeutet: Partytime! Eine Gruppe von N Leuten hat sich in Ihrem stylischen Wohnzimmer eingefunden, einige von ihnen sind miteinander befreundet. (Wir nehmen der Einfachheit halber an, dass Freundschaft symmetrisch ist – wenn Person A mit Person B befreundet ist, dann wird A auch von B als Freund angesehen.) Nehmen wir an, dass jede und jeder mindestens einen Freund auf der Party hat und dass Personen sich ein wenig „prätentiös" aufführen, wenn sie selbst mehr Freunde haben als ihre eigenen Freunde im Durchschnitt aufweisen können. (Ihre Gäste sind ein ziemlich konkurrenzfixierter Haufen.)

Sagen wir beispielsweise, dass Anne, Bob und Charlie bei Ihrer Party dabei sind. Wenn Anne mit Bob und Charlie befreundet ist, die beiden Jungs sich dagegen nicht ausstehen können, dann steht Anne prätentiös im Wohnzimmer herum: Sie hat zwei Freunde, und diese beiden Freunde haben selbst nur je einen (und das ist dann auch noch sie selbst).

© Der/die Herausgeber bzw. der/die Autor(en), exklusiv lizenziert durch Springer-Verlag GmbH, DE, ein Teil von Springer Nature 2020
O. Roeder, *Fantastische Rätsel und wie Sie sie lösen können*, https://doi.org/10.1007/978-3-662-61728-1_3

> Also: Wie viele der eingebildeten Partygänger halten sich für Party-VIPs? Mit anderen Worten: Wie groß kann der Anteil der „prätentiösen" Partygäste sein?
>
> *eingesandt von Dominik van der Zypen*

Lösung

Um die Zahl der prätentiösen Partygänger zu maximieren (also die Zahl der Leute, die mehr Freunde haben als ihre Freunde im Schnitt aufweisen können), stellen Sie sich zunächst die Situation vor, in der jede und jeder auf der Party die maximale Zahl an Freunden hat. Das heißt, alle sind mit allen befreundet. Mathematisch gesprochen handelt es sich dabei um einen „vollständigen Graphen" – ein System von Punkten (oder „Knoten"), bei dem jeder Punkt mit jedem anderen Punkt verbunden ist. In diesem Fall hätten natürlich alle gleich viele Freunde, und niemand würde prätentiös herumstolzieren.

Wenn es jedoch bei dieser Wohlfühlparty genau zwei Leute gibt, die *nicht* miteinander befreundet sind, dann wären alle auf der Party mit Ausnahme dieser beiden Unglücklichen prätentiös. Sofern $N \geq 3$ ist (und weniger wäre nicht wirklich eine Party), beträgt die größtmögliche Anzahl von prätentiösen Partygästen $(N - 2)/N$. Bei den drei Partygästen Anne, Bob und Charlie kann also ein Drittel der Besucher prätentiös sein (mithin eine Person), bei 100 Gästen könnten es 98 sein. Wenn die Party der Unendlichkeit entgegenfeiert, geht der prätentiöse Anteil gegen 100 %.

Wo war Nigel?

Übersicht

Nigel, Ihr leicht exzentrischer englischer Bekannter, berichtet Ihnen von seiner jüngsten Reise in die USA:

„Ich flog nonstop von Heathrow zu einem Flughafen irgendwo innerhalb der 48 kontinentalen Bundesstaaten. An diesem Flughafen mietete ich ein Auto und fuhr zwei Wochen lang im Land herum. Ich war durchgängig mit dem Wagen unterwegs und habe weder eine Fähre benutzt noch das Auto in ein Flugzeug verladen. Ich habe den Ohio River genau einmal überquert, den Missouri exakt zweimal, den Mississippi genau dreimal und die Große Kontinentale Wasserscheide exakt viermal. Ich bin bis zum Pazifik, Atlantik und zum Golf von Mexiko gekommen. Am Ende der Ferien habe ich den Leihwagen am selben Airport abgegeben wie dem, wo ich angekommen war, und bin dann nonstop zurück nach Heathrow geflogen."

Welcher US-Bundesstaat ist der einzige, von dem Sie mit Sicherheit sagen können, dass Nigel ihn auf seinem kilometerfressenden Roadtrip besucht hat?

eingesandt von Dave Moran

© Der/die Herausgeber bzw. der/die Autor(en), exklusiv lizenziert durch Springer-Verlag GmbH, DE, ein Teil von Springer Nature 2020
O. Roeder, *Fantastische Rätsel und wie Sie sie lösen können*, https://doi.org/10.1007/978-3-662-61728-1_4

Lösung

Nigel muss definitiv in Minnesota gewesen sein. Wenn man bei einer Rundreise einen Fluss eine ungerade Zahl an Malen überquert hat und trotzdem am Ende zum Ausgangspunkt zurückkehrt, muss man einmal „um den Fluss herum" gefahren sein. Beim Ohio River hat man viele Möglichkeiten dafür – beispielsweise überquert man den Strom von Indiana nach Kentucky oder an einem Punkt, wo er komplett durch Pennsylvania fließt, und umrundet dann die Mündung des Ohio River in den Mississippi, indem man den Mississippi erst flussabwärts dieser Mündung überquert (etwa in Cairo, Illinois) und dann flussaufwärts der Mündung in die andere Richtung über den Mississippi setzt.

Mit dem Mississippi selbst ist das dagegen schon schwieriger. Da Nigel sein Auto nicht auf ein Boot oder in ein Flugzeug verladen hat, muss er um die Quelle des Mississippi gefahren sein, die sich im Staat Minnesota beim Lake Itasca befindet. Das wiederum bedeutet aber, dass er tatsächlich in Minnesota gewesen sein muss, da er andernfalls nach Kanada hätte ausweichen müssen, um die Mississippi-Quelle zu umfahren. Beachten Sie, dass es möglich ist, die Mississippi-Quelle in Minnesota zu umfahren, ohne dabei nach Wisconsin zu wechseln, indem man den Fluss überquert, bevor oder nachdem man um den Lake Itasca gefahren ist und solange man sich noch in Minnesota befindet. Daher ist Minnesota der einzige Staat, den Nigel mit Sicherheit besucht hat.

Würden Sie für 1 Billion Euro in Gold in den Krieg ziehen?

Übersicht

Betrachten Sie das folgende Kriegsspiel: Zwei Länder besitzen jeweils 1 Billion Euro in Gold, und beide Seiten schielen gierig auf das Geld des jeweils anderen. Zu Beginn des Spiels wird die jeweilige „Stärke" der Armeen beider Länder zufällig aus einer stetigen Gleichverteilung gezogen, sie liegt irgendwo zwischen 0 (sehr schwach) und 1 (sehr stark). Jedes Land kennt die eigene Stärke, jedoch nicht die der Gegenseite. In dem Moment, wo sie ihre eigene Stärke erkennen, erklären sie einander „Frieden" oder „Krieg".

Wenn beide „Frieden" wählen, bleiben sie (wie zu erwarten ist) friedlich im eigenen Territorium und behalten ihr eigenes Gold. Der „Gewinn" ist damit 1 Billion Euro.

Wenn mindestens einer sich für „Krieg" entscheidet, ziehen die Länder in den Krieg. Derjenige mit der stärkeren Armee gewinnt die Auseinandersetzung und kassiert das Gold der anderen Seite. Dann gewinnt somit das stärkere Land 2 Billionen und das andere 0 Billionen Euro.

© Der/die Herausgeber bzw. der/die Autor(en), exklusiv lizenziert durch Springer-Verlag GmbH, DE, ein Teil von Springer Nature 2020
O. Roeder, *Fantastische Rätsel und wie Sie sie lösen können*, https://doi.org/10.1007/978-3-662-61728-1_5

> Was ist die optimale Strategie für ein Land mit einer gegebenen Stärke, „Frieden" oder „Krieg"?
>
> *Zusatzaufgabe:* Wie sieht es aus, wenn die Länder sich nicht gleichzeitig für „Frieden" oder „Krieg" entscheiden, sondern erst das eine und dann das andere? Was wäre, wenn es um 5 Billionen statt 2 Billionen Euro in Gold ginge?
>
> *eingesandt von Juan Carillo*

Lösung

Die optimale Strategie? Immer den Krieg erklären!

Warum? Nehmen Sie an, die optimale Strategie bestünde darin, immer dann den Krieg zu erklären, wenn die eigene Stärke über einem bestimmten Schwellenwert X liegt. Dies ist ein naheliegender Ansatz: Je stärker die Armee, desto sicherer geht der Konflikt erfolgreich für Sie aus. Wenn dies die optimale Strategie ist und beide Spieler zu Beginn des Spiels vor identischen Situationen stehen, dann werden sich beide entsprechend dieser Schwellenwertstrategie verhalten. Gehen wir davon aus, dass sie es auch tun. Hier kommt nun die Spieltheorie ins Spiel.

Wenn Land B dann und nur dann den Krieg erklärt, wenn seine Stärke größer als X ist, sollte Land A den Krieg bereits dann erklären, wenn seine Stärke nur $X/2$ beträgt. Wie kann das sein, wenn die Armee von A nur halb so stark wie die von B ist? Betrachten Sie die beiden Fälle, die sich bei der Entscheidung von B ergeben können: Wenn die für A unbekannte Stärke von B größer als X ist, ist es egal, was A macht, da B auf jeden Fall auf Krieg setzen wird. Wenn aber B schwächer als X ist, wird A auf jeden Fall gewinnen, wenn es selbst stärker als X ist, aber auch in vielen Fällen, wo A schwächer als X ist. Tatsächlich profitiert es auf lange Sicht, wenn es seine Schwelle auf

$X/2$ absenkt. Dann gewinnt A die Hälfte dieser Szenarien, und natürlich erst recht in den Szenarien, wenn es stärker als X ist.

Wenn allerdings A den Krieg erklärt, wenn es stärker als $X/2$ ist, tut B gut daran, sich bereits ab $X/4$ für Krieg zu entscheiden. Und was hält A davon ab, dann seine Schwelle auf $X/8$ abzusenken? Eine blutige Spirale bis ganz nach unten tut sich auf. Keiner hört auf, bevor sie nicht in jeder Situation den Krieg erklären. Anders ausgedrückt ist der einzige Gleichgewichtswert für X gleich 0. Da die Stärke aber immer größer als 0 ist, ziehen beide Länder jedes Mal in den Krieg.

Die Zusatzaufgabe fragt, was passiert, wenn die Erklärungen nacheinander und nicht gleichzeitig abgegeben würden, und wie es aussähe, wenn noch mehr Gold auf dem Spiel stünde. Es zeigt sich, dass beides keinen Unterschied macht. Dies ist der Grund: Nehmen Sie an, A müsste sich zuerst äußern. Wenn es den Krieg erklärt, ist es sowieso egal, was B wählt, und wenn A sich für Frieden entscheidet, zeigt es B, dass seine Stärke niedrig ist. Also wird B in vielen dieser Situationen den Krieg erklären. Würde B dagegen trotzdem Frieden wählen, würde sich für A Krieg aufdrängen usw. Also kollabieren auch hier die optimalen Strategien auf „immer Krieg". Und wenn die potenzielle Beute größer wäre, gäbe es einfach mehr zu holen und Krieg wäre noch verlockender.

War. What is it good for? Nash-Gleichgewicht.

Die heiligsten Tage im Kalender der Pi-etisten

Übersicht

Ein ganz bestimmter religiöser Kalender enthält eine Abfolge von Pi-Feiertagen, während derer die Anhänger der pi-etistischen Glaubensgemeinschaft mehrere Tage und Nächte lang die Zahl π feiern. Sie haben leider vergessen, wann die festliche Zeit der Pi-Tage beginnt und wann sie endet. Sie wissen nicht einmal, in welchem Monat das sein wird, aber Sie erinnern sich zumindest, dass es nicht mehr als zwei Wochen sind. Wenn Sie die Dauer der Pi-Tage im Format „MM/TT – MM/TT" notieren und dies als eine Differenz zweier Brüche interpretieren, erhalten Sie das Ergebnis 22/7 (etwa 3,14, ein schon Archimedes bekannter Schätzwert für die Zahl π). Beispielsweise würde der Zeitraum vom 1. bis zum 3. Januar als „1/1 – 1/3" notiert und ergäbe ausgerechnet 2/3.

Wann beginnen und wann enden die Pi-Tage?

eingesandt von Alex Jordan

© Der/die Herausgeber bzw. der/die Autor(en), exklusiv lizenziert durch Springer-Verlag GmbH, DE, ein Teil von Springer Nature 2020
O. Roeder, *Fantastische Rätsel und wie Sie sie lösen können*, https://doi.org/10.1007/978-3-662-61728-1_6

Lösung

Im Wesentlichen suchen wir eine Lösung der Gleichung

$$\frac{a}{b} - \frac{c}{d} = \frac{22}{7},$$

wobei gewisse Einschränkungen für die Zahlen a, b, c und d gelten. Wir könnten das natürlich relativ leicht von unserem Computer erledigen lassen, aber wo bliebe dann der Spaß dabei? Hier haben Sie eine Stift-und-Papier-Lösung:

Zunächst einmal liegen a und c als Monatszahlen zwischen 1 und 12 und b und d als Tageszahlen zwischen 1 und 31. Beachten Sie auch, dass 22/7 größer als 3 ist, also ist $a/b > 3$. Dies bedeutet wiederum, dass b nicht größer als 3 sein kann, also ist $b = 1$, 2 oder 3.

Da die Pi-Tage maximal zwei Wochen währen, können wir jetzt folgern, dass beide Daten im selben Monat liegen (d ist maximal 17), also ist $a = c$.

Weiterhin ist der Nenner auf der rechten Seite eine 7, daher muss einer der Nenner auf der linken Seite durch 7 teilbar sein. Wegen $b = 1$, 2 oder 3 ist darum $d = 7$, 14, 21 oder 28. Da aber die Pi-Tage nur zwei Wochen dauern, ist d folglich entweder 7 oder 14.

So, jetzt wissen wir mit einer kleinen Umformung, dass

$$a\left(\frac{1}{b} - \frac{1}{d}\right) = \frac{22}{7}$$

ist, und das ist äquivalent zu

$$7a(d - b) = 22bd.$$

Da die 22 auf der rechten Seite durch 11 teilbar ist, muss entweder a oder $(d-b)$ auch durch 11 teilbar sein. Im ersten Fall ist $a=11$, und wir erhalten $7(d-b)=2bd$ mit $b=1$, 2 oder 3 und $d=7$ oder 14. In diesem Fall kann b nicht 1 sein, denn dann hätten wir $7(d-1)=2d$, aber $(d-1)$ und d haben keine gemeinsamen Faktoren, und $(d-1)$ kann auch kein Teiler von 2 sein. Wäre $b=2$, bräuchten wir $d=14$, damit die linke Seite gerade wird. Aber dann hätten wir die falsche Aussage $11/2-11/14=22/7$. Schließlich kann b auch nicht 3 sein, denn dann hätten wir $7(d-3)=6d$, also müsste 3 Teiler von d sein, das aber nur 7 oder 14 sein darf. Also ... darf 11 kein Teiler von a sein, sondern 11 muss Teiler von $(d-b)$ sein.

Wiederum weil die Pi-Tage nur maximal zwei Wochen gefeiert werden, ist $(d-b)$ gleich 11. Dann kann, wegen $b=1$, 2 oder 3, d nicht 7 sein, sondern muss den Wert 14 haben. b ist 11 Tage vorher, also 3. Schließlich landen wir bei

$$\frac{a}{3} - \frac{a}{14} = \frac{22}{7}$$

und finden $a=12$.

Fröhliche Pi-Tage – vom 3. bis 14. Dezember, wie wir jetzt wissen!

Eine komplizierte Kopfbedeckung

Übersicht

Drei kluge Logikerinnen stehen in einer Reihe, sodass sie jeweils nur die Logikerinnen vor ihnen sehen können. Ein Hutverkäufer kommt des Weges und hat fünf Hüte im Angebot, drei weiße und zwei schwarze. Er setzt jeder Logikerin (von hinten) einen Hut auf und versteckt die übrigen Hüte.

Dann fragt er die drei Logikerinnen: „Kann mir eine von euch sagen, welche Farbe der Hut auf eurem eigenen Kopf hat?" Keine Antwort.

Er fragt erneut: „Kann mir irgendjemand sagen, welche Farbe der Hut auf eurem eigenen Kopf hat?" Wieder nichts.

Ein drittes Mal: „Kann mir irgendeine von euch sagen, welche Farbe der Hut auf eurem eigenen Kopf hat?" Da bricht eine Logikerin das gelehrte Schweigen und gibt die richtige Antwort.

Wer hat gesprochen, und welche Farbe hatte ihr Hut?

eingesandt von Milo Beckman

© Der/die Herausgeber bzw. der/die Autor(en), exklusiv lizenziert durch Springer-Verlag GmbH, DE, ein Teil von Springer Nature 2020
O. Roeder, *Fantastische Rätsel und wie Sie sie lösen können*,
https://doi.org/10.1007/978-3-662-61728-1_7

Lösung

Nennen wir die Logikerinnen Eins, Zwei und Drei. Eins steht hinten und kann die Hüte der anderen beiden sehen. Zwei befindet sich in der Mitte und sieht nur den Hut von Drei, Drei steht vorn und sieht gar nichts.

Es gibt acht Möglichkeiten, wie die Hüte verteilt sein können. (Es gibt drei Köpfe, auf denen je zwei mögliche Hutfarben platziert sein können.) Eine Möglichkeit fällt von vornherein weg: Da es nur zwei schwarze Hüte gibt, können nicht alle drei Hüte schwarz sein. Es bleiben die folgenden Optionen: WWW, WWS, WSW, SWW, WSS, SWS und SSW.[1]

Wenn niemand auf die erste Frage nach der eigenen Hutfarbe antworten kann, können wir WSS ausschließen. Würde nämlich Eins zwei schwarze Hüte vor sich sehen, wüsste sie sofort, dass sie einen weißen Hut trägt. Ebenso wissen Zwei und Drei, dass sie nicht beide schwarze Hüte tragen. Im Rennen sind also noch WWW, WWS, WSW, SWW, SWS und SSW.

Wenn auch nach der zweiten Frage keine Logikerin eine spontane Antwort geben kann, fallen auch WWS und SWS heraus. Würde nämlich Zwei vor sich einen schwarzen Hut sehen, wüsste sie, dass ihr Hut weiß sein muss. Es bleiben jetzt noch WWW, WSW, SWW und SSW.

In allen vier Fällen ist der Hut von Drei weiß – also ist es Drei, die auf die dritte Frage eine Antwort gibt. Die Antwort lautet völlig korrekt: „Ich weiß, mein Hut ist weiß".

---

[1]Anm. d. Übers.: Müssen Sie auch gerade an kongruente Dreiecke denken? Die Leser der englischen Ausgabe hatten dieses Vergnügen nicht …

Können Sie die Wahl mit Mathe manipulieren?

Übersicht

Stellen Sie sich vor, es wäre Ihre Aufgabe, die Grenzen von Wahlbezirken festzulegen, und Sie sind zufälligerweise ein glühender Anhänger der Pünktchenpartei. In der Region, für die Sie zuständig sind, leben 25 Bewohner, deren Wohnsitze in der Grafik skizziert sind. Sie sehen, dass außer den Pünktchenparteifreunden auch ziemlich viele Anhänger der Linienparteilinie vertreten sind. Insgesamt sollen Sie fünf Wahlbezirke mit jeweils fünf Bewohnern festlegen. Für die Wahlbezirke gilt, dass sie (einfach) zusammenhängend sein sollen, d. h., jedes Quadrat eines Wahlbezirks muss mit mindestens einem weiteren Quadrat dieses Bezirks eine Kante teilen. Natürlich gewinnt in einem Bezirk die Partei mit den meisten Anhängern im Bezirk das dort zu vergebende Abgeordnetenmandat. Können Sie die Grenzen der Wahlbezirke so festlegen, dass Ihre Pünktchenpartei mehr Mandate bekommt als die Linienpartei?

O. Roeder, *Fantastische Rätsel und wie Sie sie lösen können*, https://doi.org/10.1007/978-3-662-61728-1_8

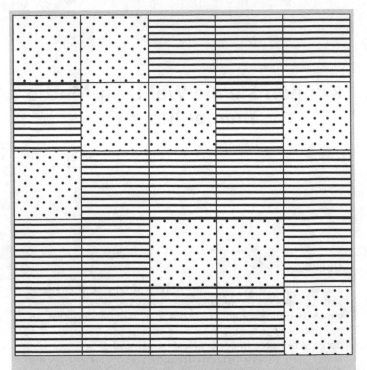

In der echten Welt gibt es natürlich nicht nur 25 Wähler. Selbst wenn Sie Wohnviertel zusammenfassen können, ist das Gitter der Wähler in einem ganzen Staat viel größer, sodass Sie vermutlich ein Computerprogramm zu Hilfe nehmen müssen, um optimal zu „gerrymandern"[1]. Sie sehen in der nächsten Grafik ein 14 × 10-Gitter als grobe Annäherung an die Wählerpräferenzen im US-Staat Colorado, das auf den County-Ergebnissen der Präsidentschaftswahl von 2012 basiert. Colorado hat sieben Wahlbezirke, also müsste jeder Bezirk 20 Wähler enthalten. Wie viele Bezirke kann die Linienpartei maximal gewinnen,

---

[1] „Gerrymandering" ist ein großes Problem für die US-amerikanische Demokratie. Benannt ist diese Praxis nach dem unrühmlichen Beispiel eines Gouverneurs von Massachusetts namens Gerry, der 1812 einen salamanderförmigen Wahlkreis festgelegt hat, um mehr Stimmen für seine Wiederwahl zu erhalten.

wenn sie die Wahlbezirke nach denselben Regeln festlegen könnte wie oben? Wie sieht es für die Pünktchenpartei aus? (Nehmen Sie an, dass ein Stimmenpatt
in einem Bezirk für „Ihre" Partei gezählt wird. Als Herr
des Wahlgeschehens kontrollieren Sie ja auch die Wahl-
kommissionen …)

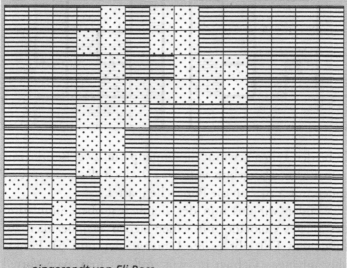

eingesandt von Eli Ross

Lösung

Obwohl die Linienpartei 16 Wähler hat und die Pünktchenpartei bloß neun, können Sie die fünf Bezirke so festlegen, dass die Pünktchenpartei drei Abgeordnete erhält und
die Linienpartei nur zwei. So viel zum Thema Demokratie!

Obwohl es ein paar unterschiedliche Möglichkeiten
gibt, dies zu erreichen, liegt dem Verfahren das gleiche
Prinzip zugrunde: „Zusammenpacken". Die Idee ist,
dass Sie als Pünktchenparteipolitiker möglichst viele
Wähler der Linienpartei in möglichst wenigen Bezirken
zusammenfassen. Diese Bezirke wird die Linienpartei

zwar hoch gewinnen, aber alle übrigen gehen mit knapper Mehrheit an die Pünktchenpartei. Die Grafik zeigt zwei Beispiele:

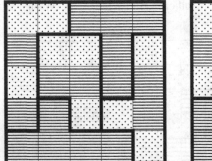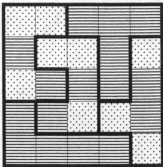

In beiden Fällen gewinnt die Linienpartei zwei Bezirke mit dem Erdrutschergebnis von 5 zu 0, doch die anderen drei gehen mit 3 zu 2 an die Pünktchenpartei.

Wenden wir uns nun der ziemlich groben Simulation des Staates Colorado mit seinen sieben Wahlbezirken zu. In diesem Fall gibt es 89 Linienwähler und 51 Pünktchenanhänger. Gefragt ist, wie groß der maximale Vorteil ist, der mit Gerrymandering für die eine oder die andere Partei zu erzielen wäre.

Mit der gegebenen großen Mehrheit an Wählern im Staat kann die Linienpartei tatsächlich alle sieben Sitze bekommen, wie die folgende Grafik an einem Beispiel zeigt.

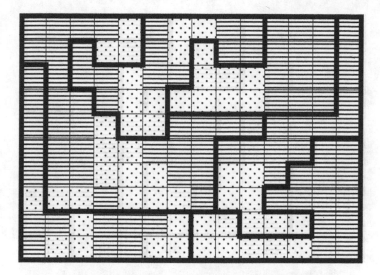

Doch mit einer cleveren Neuziehung der Bezirksgrenzen kann auch die Pünktchenpartei immerhin auf fünf von sieben Mandaten kommen! (Jeder Bezirk hat 20 Wähler, man braucht also mindestens zehn für ein Mandat. Da die Pünktchenpartei 51 Wähler im Staat besitzt, könnte sie bei geschickter Verteilung maximal fünf Bezirke erreichen. Stimmenpatt sollte ja einen Sitz für die jeweils bevorzugte Partei bedeuten.) Die letzte Grafik zeigt ein Beispiel, wie dies möglich werden kann:

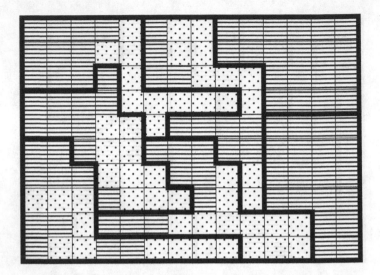

Wiederum werden die Linienwähler weitgehend in zwei Bezirken zusammengepfercht, die sie ohne Gegenstimme gewinnen, doch im Rest gibt es jeweils ganz knappe Pünktchensiege. Geografie gewinnt!

Hier haben Sie eine Milliarde Euro. Können Sie damit den Wettlauf ins All gewinnen?

Übersicht

Sie leiten ein Raumfahrtunternehmen im Jahr 2080, und Ihr Chefwissenschaftler hat Ihnen soeben mitgeteilt, dass eine Ihrer Raumsonden ein von Außerirdischen hergestelltes Artefakt am Lagrange-Punkt des Jupiter-Sonne-Systems entdeckt hat.

Natürlich wollen Sie der Erste sein, der diesen Punkt erreicht! Aber Sie wissen, dass die Nachricht nicht lange geheim bleiben wird – also müssen Sie so schnell wie möglich einige kritische Entscheidungen treffen. Mit Standardtechnologien, die sich jeder mit dem nötigen Kleingeld verschaffen kann, ließe sich eine bemannte Mission zusammenwerkeln, die das Artefakt in 1600 Tagen erreichen würde. Wenn Sie allerdings ein paar Hightechbauteile einbauen, können Sie deutlich schneller dort sein und so die gesamte Konkurrenz hinter sich lassen. Ihre Buchhalter teilen Ihnen mit, dass Ihre Sofortkreditlinie bei 1 Mrd. EUR liegt.

© Der/die Herausgeber bzw. der/die Autor(en), exklusiv lizenziert durch Springer-Verlag GmbH, DE, ein Teil von Springer Nature 2020

O. Roeder, *Fantastische Rätsel und wie Sie sie lösen können*, https://doi.org/10.1007/978-3-662-61728-1_9

Damit können Sie die folgenden Artikel erwerben:

1. **Große russische Raketenmotoren.** Von diesen gibt es derzeit nur drei Stück auf der Welt, und die russische Weltraumbehörde verlangt dafür jeweils 400 Mio. EUR. Ein solcher Motor reduziert die Reisezeit um 200 Tage. Wenn Sie zwei kaufen, können Sie die Nutzlast aufteilen und damit noch weitere 100 Tage einsparen.
2. **NASA-Ionentriebwerke.** Von diesen Hochleistungsantrieben gibt es auch nur acht Stück auf der Welt, jeder kostet 140 Mio. EUR. Jedes Ionentriebwerk verbraucht während der Reise 5000 kg des Edelgases Xenon. Auf dem Weltmarkt sind zurzeit 30 000 kg Xenon verfügbar, und zwar zu einem Preis von 2000 €/ Kilo, also kosten 5000 kg 10 Mio. EUR. Was haben Sie davon? Pro vollgetanktem Ionentriebwerk für 150 Mio. EUR sparen Sie 50 Tage Reisezeit ein.
3. **Separate Treibstoffversorgung.** Für 50 Mio. EUR können Sie einen von maximal vier möglichen externen Treibstofftanks für den Rückflug separat auf den Weg bringen. Weil dadurch die Nutzlast Ihrer eigentlichen Mission reduziert wird, erreichen Sie pro externem Zusatztank Ihr Reiseziel 25 Tage früher.

Was ist die ideale Strategie, um als Erster am Alien-Artefakt anzukommen?

eingesandt von Robert Youngquist

Lösung

Wenn Sie eine russische Rakete (400 Mio. EUR, 200 Tage gespart), drei Ionentriebwerke (zusammen 450 Mio. EUR, 150 Tage gespart) und vom restlichen Geld drei externe Zusatztanks (zusammen 150 Mio. EUR, 75 Tage gespart) kaufen, erreichen Sie für Ihre 1 Mrd. EUR eine Zeitersparnis von 425 Tagen. Das klingt nach der richtigen Antwort – und das wäre sie auch, wenn es darum ginge, wie man *am schnellsten* zum Artefakt gelangt.

Die Frage ist jedoch, wie Sie *als Erster* dort hinkommen. Wenn Sie die obige Option wählen, könnte ein Konkurrent denselben Einkaufszettel abarbeiten und Sie hätten keinen Vorteil ihm gegenüber, sondern kämen gleichzeitig mit ihm ins Ziel. Die korrekte Antwort ist diese (es kann leichte Abwandlungen geben, die ebenfalls richtig sind): Kaufen Sie zwei russische Raketen (800 Mio. EUR, 300 Tage), ein Ionentriebwerk (150 Mio. EUR, 50 Tage) und vom restlichen Geld das gesamte am Markt erhältliche Xenon (25 000 kg für 50 Mio. EUR). Der Trick dabei ist der Xenon-Hamsterkauf[1]. Sie sind damit zwar insgesamt nur 350 Tage früher da als mit Standardtechnologie, aber für Ihre Konkurrenten bleiben dann nur noch eine russische Rakete und die vier Zusatztanks übrig, was zusammen nur 300 Tage Zeitersparnis bringt. Sie sind also garantiert 50 Tage eher da.

Xenon satt! Live long and prosper.

---

[1]Anm. d. Übers.: Xenon, nicht Toilettenpapier!

Finden Sie den unzuverlässigen Prinzen?

Übersicht

Sie sind die beste Partie im ganzen Königreich, und Sie haben sich entscheiden, einen Prinzen zu heiraten. Daher hat Sie der König in sein Schloss eingeladen, um Ihnen seine drei Söhne vorzustellen. Bestes Prinzenmaterial. Allerdings hat jeder so seine Eigenheiten: Der älteste ist ehrlich und sagt immer die Wahrheit. Der jüngste ist durch und durch verlogen und sagt niemals die Wahrheit. Der mittlere dagegen ist pathologisch unzuverlässig und sagt manchmal die Wahrheit und manchmal auch nicht. Da Sie planen, mit einem der drei Prinzen für immer und ewig zusammen zu sein, möchten Sie lieber den ältesten (ehrlich) oder den jüngsten (Lügner) heiraten, bei den beiden wissen Sie zumindest, woran Sie sind. Nun gibt es aber ein Problem: Sie kennen die drei Jungs nicht und können durch Anschauen nicht entscheiden, wer von ihnen wer ist. Und der König erlaubt Ihnen nur eine einzige Ja-Nein-Frage, die Sie an genau einen der drei stellen dürfen.

© Der/die Herausgeber bzw. der/die Autor(en), exklusiv lizenziert durch Springer-Verlag GmbH, DE, ein Teil von Springer Nature 2020
O. Roeder, *Fantastische Rätsel und wie Sie sie lösen können*, https://doi.org/10.1007/978-3-662-61728-1_10

Welche Ja-Nein-Frage würde es Ihnen erlauben, auf jeden Fall um den mittleren Prinzen (den unzuverlässigen, unsteten, Sie wissen schon) herumzukommen?

eingesandt von Chris Horgan

Lösung

Nennen wir die drei Prinzen mal Alf, Bob und Charlie. Fragen Sie Alf: „Wenn ich dich fragen würde, ob Bob der unzuverlässige mittlere Bruder ist, würdest du dann Ja sagen?". Wenn er Ja sagt, dann heiraten Sie Charlie, der dann auf keinen Fall der unzuverlässige Prinz sein kann. Wenn Alf Nein sagt, heiraten Sie Bob. (Der arme Alf.)

Warum bringt Sie so eine hypothetische Frage weiter, als wenn Sie geradeheraus fragen würden? Schauen wir uns die verschiedenen Möglichkeiten im Detail an, also wer auf die Frage wie antworten würde und was für Schlüsse Sie daraus ziehen könnten. Es gibt insgesamt sechs Fälle:

Alf	Bob	Charlie	Ist Bob tatsächlich der unzuverlässige Prinz?	Alfs Antwort	Ihre Wahl	Ihr Zukünftiger ist …
Ehrlich	Unzuverlässig	Verlogen	Ja	Ja	Charlie	Verlogen
Ehrlich	Verlogen	Unzuverlässig	Nein	Nein	Bob	Verlogen
Unzuverlässig	Ehrlich	Verlogen	Nein	Ja oder nein	Bob oder Charlie	Ehrlich oder verlogen
Unzuverlässig	Verlogen	Ehrlich	Nein	Ja oder nein	Charlie oder Bob	Ehrlich oder verlogen
Verlogen	Ehrlich	Unzuverlässig	Nein	Nein	Bob	Ehrlich
Verlogen	Unzuverlässig	Ehrlich	Ja	Ja	Charlie	Ehrlich

Sie heiraten also in jedem Fall entweder den ehrlichen oder den verlogenen Prinzen und niemals den unzuverlässigen Gesellen. Dies liegt daran, dass Sie mit Ihrer Frage nach der Antwort auf eine andere, hypothetische Frage den ehrlichen und den verlogenen Prinzen dazu zwingen, das Gleiche zu antworten, wodurch Sie in beiden Fällen einem Leben in unzuverlässiger Flatterhaftigkeit entgehen.

Sie möchten es noch genauer wissen? Nehmen Sie beispielsweise an, Bob wäre der mittlere Bruder. Wenn Sie den ehrlichen Bruder fragen, wie er darauf antworten würde, wenn er gefragt würde, ob Bob der mittlere Bruder ist, lautete die Antwort des ehrlichen Bruders: „Ja, ich würde sagen, dass Bob der mittlere Bruder ist". Der verlogene Bruder wiederum würde Folgendes antworten: „Ja, ich würde Ja sagen. Wenn du mich wirklich fragst, ob Bob der mittlere Bruder ist, sage ich natürlich Nein, weil ich immer lüge, aber das sage ich dir nicht, weil ich auch dann lüge, wenn du mich fragst, ob ich lüge." Mit anderen Worten: Der verlogene Bruder lügt auch dann, wenn er gefragt wird, ob er lügen würde.

Der Straßenbauingenieur und seine unzuverlässigen, unterbezahlten Praktikanten

Übersicht

Die Interstate 99 südlich von Riddler Springs besteht aus einem flachen, geraden Autobahnstück mit zwei Spuren in jeder Richtung. Es gibt keine Zu- oder Abfahrten zwischen Riddler Springs und Puzzlertown, das 20 Meilen südlich von Riddler Springs liegt. Das aktuelle Bauprojekt schränkt den Verkehr in Richtung Süden für einige hundert Meter auf eine Spur ein, was schon zu Staus von einer Meile und mehr geführt hat.

Um mehr über diese Staus zu erfahren, hat Ed, der staatliche Straßenbauingenieur, letzten Freitag vier seiner schlecht bezahlten Praktikanten – Andy, Barbara, Charlie und Di – für eine Stunde entlang der Straße aufgestellt. Hier sind ihre Berichte:

Andy: Ich stand 2 Meilen nördlich der Stelle, wo der Stau beginnt, mit einer Radarpistole und habe die Geschwindigkeit von jedem Wagen kontrolliert, der nach Süden gefahren ist. Alle sind etwa 60 Meilen pro Stunde gefahren, vielleicht auch 1 oder 2 Meilen mehr oder weniger.

O. Roeder, *Fantastische Rätsel und wie Sie sie lösen können*, https://doi.org/10.1007/978-3-662-61728-1_11

Barbara: Ich habe bei Andy gestanden und die Fahrzeuge gezählt, die nach Süden gefahren sind. Während der ganzen Stunde gab es einen gleichmäßigen Verkehrsfluss von 80 Wagen pro Minute.

Charlie: Ich stand 2 Meilen südlich von Barbara und Andy. Das war genau da, wo der Stau anfing, nämlich eine halbe Meile nördlich der Stelle, wo die Fahrbahnverengung beginnt. Während der ganzen Stunde, die ich dort stand, hat sich das Stauende weder nach vorn noch nach hinten bewegt.

Di: Ich stand an der Straße in der Mitte des Staus, also eine Viertelmeile südlich von Charlie und eine Viertelmeile nördlich von der Einengung. Mit meiner Radarpistole habe ich gemessen, dass die Autos im Stau mit konstanten 4 Meilen pro Stunde an mir vorbei nach Süden gezuckelt sind.

Nachdem er diese vier Berichte gelesen hat, weiß Ed sofort, dass einer nicht korrekt gewesen ist. Wie ist er darauf gekommen? Wen sollte er rausschmeißen?

eingesandt von Dave Moran

Lösung

Wenn Charlie recht hat und die Staulänge die ganze Zeit gleich geblieben ist, dann muss die Zahl der Autos, die pro Minute an Andy und Barbara vorbeigefahren sind (Barbara zufolge 80 Stück), genauso groß gewesen sein wie die Zahl der Autos, die an Di in der Mitte des Staus vorbeigezuckelt sind, da es dazwischen keine Zu- und Abfahrten gab. (Das ist analog zu einem Beobachter von elektromagnetischer Strahlung in bzw. über einem dielektrischen Medium, etwa unter und über Wasser: Der Beobachter über Wasser sieht Feldmaxima mit derselben Frequenz an sich vorbeiziehen wie der unter Wasser. Nur die Wellenlänge, entsprechend dem Fahrzeugabstand, ist unter Wasser wegen der reduzierten Lichtgeschwindigkeit kleiner.)

Wenn bei Di 80 Fahrzeuge pro Minute auf zwei Spuren entlanggekrochen sind, waren auf jeder Spur 40 Wagen pro Minute unterwegs, also hat auf jeder Spur alle 1,5 s ein Fahrzeug Di passiert. Anders ausgedrückt: Wenn die Autos buchstäblich Stoßstange an Stoßstange gefahren sind, bewegt sich die Schlange in 1,5 s um eine Fahrzeuglänge nach vorn, nur so können in einer Minute 40 Wagen passieren. Di hat jedoch gesagt, dass die Autos 4 Meilen pro Stunde gefahren sind, das wären gerade mal knapp 1,80 m pro Sekunde[1] oder knapp 2,70 m in 1,5 s. Das einzige auf dem Massenmarkt erhältliche Fahrzeug mit dieser Länge ist ein Smart, der aber sicherlich nicht die Standardmaße eines Autos definiert. Also können in einer Minute keine 40 normalen Autos mit 4 Meilen pro Stunde vorbeigerollt sein.

Beachten Sie, dass es nicht möglich ist zu sagen, welcher oder wie viele der vier Berichte falsch sind. Wäre Barbaras Aussage zum Verkehrsaufkommen falsch, könnten die übrigen drei Aussagen korrekt sein. Wenn Charlie nicht die Wahrheit sagt und der Stau in Wirklichkeit während der Beobachtung länger geworden ist, könnten sowohl Barbara als auch Di mit ihren Aussagen zur Fahrzeughäufigkeit recht haben. In diesem Fall könnten nämlich pro Minute bei Di weniger Wagen vorbeirollen als bei Barbara. Und wenn die Angabe von Di, wie schnell die Fahrzeuge im Stau gewesen sind, zu niedrig war, könnten alle anderen Aussagen richtig sein. Wenn überhaupt, dann sollte Ed Andy rausschmeißen, weil seine Aussage (Geschwindigkeit der auf den Stau zufahrenden Autos) irrelevant für die Fragestellung ist.

---

[1]Anm. d. Übers.: Eine amerikanische Meile entspricht exakt 1609 m und 344 Millimetern.

Wie Sie am besten Ihr Smartphone fallen lassen

Übersicht

Sie arbeiten für eine Hightechfirma, welche ein Smartphone entwickelt, das man – angeblich – aus großer Höhe schadlos herunterfallen lassen kann. Ihre Werbeagentur möchte für die Kampagne zum Verkaufsstart wissen, aus welcher Höhe das Gerät maximal abstürzen kann, ohne kaputtzugehen.

Sie erhalten zwei Smartphones und dürfen sich damit auf den Weg in ein 100-stöckiges Gebäude machen. Sie können nun die beiden Geräte aus je einer beliebig gewählten Etage herunterwerfen. Wenn ein Gerät das überlebt, heben Sie es auf und benutzen es für den nächsten Versuch. Wenn nicht, haben Sie Pech gehabt, denn es gibt kein Ersatzgerät.

Wie oft müssen Sie mindestens eines der beiden Geräte heruntersausen lassen, um sicher zu bestimmen, aus welchem Stockwerk Sie das maximal machen dürfen, ohne dass es Schäden am Gerät gibt? (Sie können dabei davon

O. Roeder, *Fantastische Rätsel und wie Sie sie lösen können*, https://doi.org/10.1007/978-3-662-61728-1_12

ausgehen, dass ein Absturz vom 100. Stock auf jeden Fall zu einem Totalausfall führt.) Wie sieht es aus, wenn es 1000 statt 100 Etagen gibt?

eingesandt von Laura Feiveson

Lösung

Bei 100 Stockwerken brauchen Sie höchstens 14 Fallversuche. Mit dieser Strategie erreichen Sie das: Wir nennen die beiden Telefone A und B. Lassen Sie A von Etage 14, 27, 39, 50, 60, 69, 77, 84, 90, 95 und 99 heruntersegeln, solange es dabei nicht kaputtgeht. Überlebt es einen dieser Versuche nicht, müssen Sie noch den Bereich zwischen der Etage des letzten, noch erfolgreichen Versuchs und derjenigen, wo sich A's Schicksal besiegelte, austesten. Nehmen wir an, dass es beim Sturz von Stock 39 kaputtgegangen ist, nachdem es die Etagen 14 und 27 überstanden hatte. Dann lassen Sie Telefon B der Reihe nach vom 28. bis zum 38. Stock fallen, bis es schließlich ebenfalls vom Schicksal ereilt wird. Übersteht B diese Prozedur, ist Etage 38 die Lösung, also das „kritische Stockwerk".

Der Clou bei diesem Vorgehen ist, dass Sie immer maximal 14 Versuche benötigen. Geht A gleich beim ersten Mal (14. Stock) kaputt, brauchen Sie höchstens 13 Versuche mit Gerät B, um Klarheit zu erhalten, was zusammen 14 ergibt. Hält A dagegen länger durch und geht etwa erst beim neunten Versuch, also von Etage 90 aus zu Bruch, brauchen Sie anschließend nur noch maximal fünf Versuche mit B, nämlich vom 85. bis zum 89. Stockwerk. Wieder haben Sie in der Summe maximal 14 Fallversuche (und ebenso in allen anderen Fällen, wie Sie sich leicht überzeugen können). Das lässt sich nicht toppen.

Um diese Strategie auf noch größere Wolkenkratzer zu verallgemeinern, beachten Sie, wie wir auf die Stockwerke für die erste Versuchsreihe mit Smartphone A gekommen sind: erst 14, dann $14+13=27$, dann $14+13+12=39$ usw. Dass wir mit 14 begonnen haben, liegt daran, dass 14 die kleinste Zahl n ist, für welche die Summe $1+2+\ldots+n \geq 100$ wird. Diese klassische Reihe hat die bekannte Lösung $1+2+\ldots+n=n(n+1)/2$. Um die Sache mit 1000 bzw. s Stockwerken zu klären, brauchen wir die kleinste Lösung von $n(n+1)/2 \geq s$. Bei $s=1000$ wären dies 45 Fallversuche. Beachten Sie den speziellen Charakter dieser Reihe: Obwohl 1000 das Zehnfache von 100 ist, brauchen Sie nur gut dreimal so viele Versuche, um das „kritische Stockwerk" zu finden. Würde jemand ein Gebäude mit 10.000 Stockwerken errichten, kämen wir auf maximal 141 Fallversuche.

Schließlich wäre es eine verführerische Erweiterung der Aufgabenstellung, wie die Sache aussähe, wenn es drei Smartphones zum Zerschmettern gäbe. Oder sogar m Stück und s Etagen. Dies überlassen wir der geneigten Leserin und dem nicht minder geneigten Leser zur Übung.

Werden die Zwerge überleben?

Übersicht

Ein riesiger Troll fängt zehn Zwerge und sperrt sie in seine Höhle. Am Abend sagt er ihnen, dass er ihr Schicksal am nächsten Morgen anhand der folgenden Regeln entscheiden wird:

1. Die zehn Zwerge werden der Größe nach vom kleinsten zum größten in einer Reihe aufgestellt, sodass jeder Zwerg alle kleineren Zwerge vor ihm[1], aber nicht die größeren hinter ihm sehen kann.
2. Auf dem Kopf jedes Zwergs bringt der Troll zufällig einen weißen oder schwarzen Klecks an, sodass jeder Zwerg seinen eigenen Klecks (oder die der hinter ihm stehenden größeren Zwerge) nicht sehen kann, wohl aber die Kleckse der kleineren Zwerge vor ihm.

---

[1]Anm. d. Übers.: oder ihr, bei Zwergen weiß man das nie so genau …

O. Roeder, *Fantastische Rätsel und wie Sie sie lösen können*, https://doi.org/10.1007/978-3-662-61728-1_13

3. Beginnend mit dem größten, wird jeder Zwerg gefragt, ob der Klecks auf seinem Kopf schwarz oder weiß ist.
4. Wer falsch antwortet, wird vom Troll aus der Reihe genommen und aufgegessen.
5. Wer richtig antwortet, wird vom Troll aus der Reihe genommen und auf magische Weise nach Hause gebeamt – ganz, ganz weit weg.
6. Jeder Zwerg kann alle Antworten hören, aber nicht sehen, ob die verschwindenden Zwerge gegessen oder gebeamt werden.

Die Zwerge haben eine Nacht Zeit, um sich zu überlegen, wie sie am besten antworten sollten. Mit welcher Strategie werden die wenigsten Zwerge verspeist, und wie viele Zwerge können auf diese Weise maximal gerettet werden?

eingesandt von Corey Fisher

Lösung

Neun von zehn Zwergen können auf jeden Fall überleben, mit etwas Glück sogar alle. Wie kann das gehen? Die Zwerge einigen sich auf den folgenden Plan: Der größte Zwerg, der als Erster gefragt werden wird, setzt sein Leben aufs Spiel, um die anderen zu retten! Da er keine Information über seinen eigenen Klecks hat, kann er seinen sowieso zufälligen Tipp nutzen, um die anderen zu informieren. Und zwar wird er, wenn er vor sich eine gerade Zahl von weißen Klecksen sieht, „weiß" sagen, andernfalls sagt er „schwarz" zum Troll.

Damit hat er eine 50 %ige Überlebenschance. Seine Kameraden werden dagegen alle überleben. Nehmen Sie an, der erste Zwerg sagt „weiß". Dann sieht er vor sich eine gerade Anzahl von weißen Klecksen. Wenn nun der zweitgrößte Zwerg an die Reihe kommt und vor sich ebenfalls eine gerade Zahl von Klecksen sieht, muss auf seinem Kopf ein schwarzer Klecks sein. Sieht er dagegen eine ungerade Zahl von weißen Klecksen vor sich, muss sein Klecks weiß sein, damit sich die Summe zu der geraden Zahl ergänzt, die der heldenhafte Zwerg hinter ihm gesehen hatte. Der dritte Zwerg kann analog aus den ersten beiden Antworten auf seinen Klecks schließen usw.

Egal wie viele (z. B. N) Zwerge der Troll gefangen hat, es können immer mindestens $N-1$ von ihnen gerettet werden. Deine Mitzwerge danken dir auf ewig, heldenhafter größter Zwerg.

Wie schlimm kann Sie ein Gebrauchtwagenhändler betrügen?

Übersicht

Sie möchten ein bestimmtes Auto kaufen, wofür N Euro ein fairer Preis sein dürften. Sie haben leider keinerlei Ahnung, wie hoch N wohl liegen sollte, und der fiese Gebrauchtwagenhändler wird es Ihnen natürlich schon gar nicht sagen. Er liebt es aber, mit der Beute noch ein bisschen zu spielen. Deswegen sagt er nicht nichts, sondern nimmt fünf Kärtchen und notiert darauf jeweils eine Zahl: N, $N+1000$, $N+2000$, $N+3000$ und $N+4000$. Wichtig: Der Kerl ist zwar wie gesagt ein Fiesling, aber kein Mathegenie. Er schreibt also nicht den algebraischen Ausdruck „$N+1000$" auf die zweite Karte, sondern tatsächlich die Zahl, die um 1000 EUR über dem ihm bekannten Wert von N liegt. (Wäre $N = 20.000$, dann stünde dort also 21.000.)

Der Händler zeigt Ihnen dann diese fünf Karten einzeln und in zufälliger Reihenfolge. (Wenn also auf der zweiten Karte 1000 EUR mehr stehen als auf der zuerst gezeigten, wissen Sie nicht, ob dies die beiden größten, die beiden kleinsten oder zwei benachbarte Werte in der Mitte sind.) Jedes Mal, wenn Sie eine Karte sehen, müssen Sie ent-

© Der/die Herausgeber bzw. der/die Autor(en), exklusiv lizenziert durch Springer-Verlag GmbH, DE, ein Teil von Springer Nature 2020
O. Roeder, *Fantastische Rätsel und wie Sie sie lösen können*,
https://doi.org/10.1007/978-3-662-61728-1_14

weder die aufgeführte Summe bezahlen oder nach der nächsten Karte fragen. Sie können nicht zu einer bereits aufgedeckten Karte zurückgehen. Wenn Sie die fünfte und letzte Karte sehen, müssen Sie auf jeden Fall den dort notierten Betrag berappen.

Wenn Sie die Regeln und Parameter für das Spiel des Händlers kennen und eine optimale Spielstrategie wählen, wie viel werden Sie erwartungsgemäß mehr als den fairen Preis bezahlen?

eingesandt von Zach Wissner-Gross

Lösung

Wenn Sie das Spiel des Händlers optimal spielen, können Sie erwarten, dass Sie im Mittel 900 EUR zu viel zahlen.

Um zu erklären warum, gehen wir kurz einen Schritt zurück. Würden Sie der simplen Strategie folgen, immer die erste Karte zu akzeptieren, könnten Sie davon ausgehen, dass Sie den Mittelwert der fünf verschiedenen „Aufpreise" von 0 bis 4000 EUR erwischen, das wären also 2000 EUR über dem fairen Preis N. Das ist unser Ausgangswert, aber wir können es deutlich besser machen. Der Grund dafür ist, dass wir mit neuen Karten Zusatzinformationen erhalten. Anders ausgedrückt: Nehmen Sie niemals gleich die erste Karte.

Wir nennen die Karten ab jetzt statt N, $N+1000$, $N+2000$, $N+3000$ und $N+4000$ einfach A, B, C, D und E. Der optimale Ansatz hängt nun von der Differenz zwischen den Werten der ersten beiden Karten ab. Es gibt vier mögliche Differenzwerte. Die folgende Strategie führt Sie zum niedrigstmöglichen zu erwartenden Aufpreis:

1. **Die Differenz der ersten zwei Karten ist 4000 EUR.**
   Sie wissen in diesem Fall sicher, dass Sie die Karten A

und E gesehen haben. Kam A zuerst (1 von 20 möglichen Fällen), können Sie warten, bis Sie B sehen und $N+1000$ bezahlen. Kam E zuerst (ebenfalls mit einer Wahrscheinlichkeit von 1/20), nehmen Sie natürlich die vor Ihnen liegende Karte A und zahlen den fairen Preis N. Hurra. Der durchschnittliche Preis in diesem Szenario ist $N+500$.

2. **Die Differenz der ersten zwei Karten ist 3000 EUR.** Sie haben dann entweder A und D oder B und E gesehen. Die beste Strategie ist hier, auf die erste Karte zu warten, die 1000 EUR über der niedrigeren der ersten beiden Karten liegt (oder besser). Hier gibt es zwei Unterfälle zu unterscheiden:

   a) Wenn Sie erst A und dann D gesehen haben, kommt auf jeden Fall irgendwann noch die Karte B, die 1000 EUR über A liegt. Kam erst B und dann E, sehen Sie noch entweder A oder C, jeweils mit 50 % Wahrscheinlichkeit (Sie greifen auf jeden Fall zu, wenn Sie eine der beiden sehen). Im Mittel landen Sie bei diesem Fall bei $N+1000$, und die Wahrscheinlichkeit dafür ist 2/20 bzw. 1/10.

   b) Kam D bzw. E zuerst, sollten Sie bei der zweiten Karte, die dann vor Ihnen liegt, zuschlagen, Sie landen wieder im Mittel bei $N+500$, und zwar mit einer Wahrscheinlichkeit von ebenfalls 2/20 bzw. 1/10.

3. **Die Differenz der ersten zwei Karten ist 2000 EUR.** Die beste Strategie für die drei verbleibenden Karten (*BDE, ACE* oder *ABD*) sieht so aus:

   a) Wenn Sie eine Karte sehen, die unter den ersten beiden Karten liegt, greifen Sie zu.

   b) Wenn die ersten vier Karten der Reihe nach gezogen wurden und die vierte Karte die zweitniedrigste ist, nehmen Sie diese (z. B. nehmen Sie bei *CADB B* oder *DBEC C*).

c) Sonst warten Sie bis zum Schluss.

Diese Strategie gibt Ihnen $N + 1000 \cdot 8/9$. Damit fahren Sie besser, als wenn Sie die zweite Karte direkt nehmen, selbst wenn diese 2000 EUR unter der ersten liegt (dann läge der Erwartungswert bei $N + 1000$). Dies geschieht bei 6/20 bzw. 3/10 aller Fälle.

4. **Die Differenz der ersten zwei Karten ist 1000 EUR.** Fahren Sie die folgende Strategie:

a) Wenn Sie eine niedrigere Karte als die ersten beiden sehen, nehmen Sie diese.

b) Wenn Sie sowohl *A* als auch *E* sehen, warten Sie auf die niedrigste verfügbare Karte.

c) Sonst warten Sie bis zum Schluss.

Diese Strategie führt zu einem zu erwartenden Preis von $N + 1000 \cdot 13/12$. Das ist immer noch besser, als wenn Sie direkt die zweite Karte nehmen würden. Es passiert in 8/20 bzw. 2/5 der Fälle.

Insgesamt bekommen Sie, wenn Sie alles zusammenführen,

$$\frac{1}{20} \cdot 0 + \frac{1}{20} \cdot 1000 + \frac{1}{10} \cdot 1000 + \frac{1}{10} \cdot 500$$
$$+ \frac{3}{10} \cdot \frac{8}{9} \cdot 1000 + \frac{2}{5} \cdot \frac{13}{12} \cdot 1000 = 900.$$

Im Schnitt zahlen Sie 900 EUR mehr als den fairen Preis, wirklich gar nicht schlecht. (Eigentlich ist das schon ganz schön unverschämt, aber Sie haben getan, was Sie konnten, und es ist auf jeden Fall deutlich besser als der schlechtestmögliche Preis.)

Schere, Stein, Papier, Doppelschere

Übersicht

Wer liebt nicht „Schere, Stein, Papier"? Könnte man den Spaß vielleicht noch weitertreiben? Ja, wir führen eine vierte Auswahlmöglichkeit ein, die Doppelschere. Die wird mit je zwei Fingern dargestellt, etwa wie der Mr.-Spock-Gruß[1]. Da die Doppelschere größer und robuster ist, schlägt sie die normale Schere, außerdem schneidet sie Papier und wird vom Stein verbogen. Die drei Standardoptionen verhalten sich im erweiterten Spiel wie gewohnt. Gespielt wird im Modus „Best of Three", d. h., wer zuerst zwei Runden gewonnen hat, gewinnt die Partie (beachten Sie, dass es bis dahin unendlich viele Unentschieden gegeben haben könnte).

Um die Sache noch interessanter zu machen, gilt die folgende Sonderregel: Wenn Ihr Gegner Papier wählt und Sie die normale Schere, gewinnen Sie sofort die Partie, unabhängig vom bisherigen Spielstand. Was ist die optimale Strategie bei den vier möglichen Spielständen 0:0,

---

[1]Anm. d. Übers.: Live long and prosper, Sheldon!

© Der/die Herausgeber bzw. der/die Autor(en), exklusiv lizenziert durch Springer-Verlag GmbH, DE, ein Teil von Springer Nature 2020
O. Roeder, *Fantastische Rätsel und wie Sie sie lösen können*, https://doi.org/10.1007/978-3-662-61728-1_15

1:0, 0:1 und 1:1 (ignorieren Sie alle Unentschieden)? Wie groß ist Ihre Gewinnwahrscheinlichkeit beim Spielstand von 1:0 für Sie?

eingesandt von Patrick Coate

Lösung

Beim konventionellen „Schere, Stein, Papier" besteht die optimale Strategie einfach darin, rein zufällig eine der drei Möglichkeiten zu wählen, also jeweils mit der Wahrscheinlichkeit 1/3. Jede andere Strategie kann ein gewitzter Gegner zu seinem Vorteil ausnutzen. Würden Sie z. B. systematisch Schere bevorzugen, würde der Gegner entsprechend oft Stein wählen und Sie würden in die Röhre schauen.

Ein ähnliches Argument gilt für das modifizierte Spiel. Beachten Sie aber zunächst, dass es für einen Spieler, der schon einmal gewonnen hat, niemals sinnvoll ist, „normale Schere" zu wählen. Die Sonderregel bietet hier keinen Vorteil, und Doppelschere gewinnt alles, was die normale Schere gewinnt, und dazu auch gegen die normale Schere. Spieltheoretisch gesprochen „dominiert" Doppelschere in dieser Situation die normale Schere. Damit reduziert sich das Spiel beim Spielstand 1:1 auf das normale Spiel, nur eben als „Doppelschere, Stein, Papier". Die optimale Strategie ist also, diese drei Varianten mit einer Wahrscheinlichkeit von jeweils 1/3 zu wählen. Dies ist ein Teil unserer Lösung.

Wie sieht es beim Spielstand 1:0 aus? Nehmen wir an, Sie liegen in Führung. Sie und Ihr Gegner wissen, dass Sie jetzt „Doppelschere, Stein, Papier" spielen (weil „normale Schere" dominiert wird), während Ihr Gegner aus „Schere, Stein, Papier, Doppelschere" auswählt. Wir stellen die Situation in der folgenden Tabelle dar.

	Ihre Gewinnchance bei		
Ihr Gegner wählt	Doppelschere	Stein	Papier
Schere	1	1	0
Stein	0,5	X	1
Papier	1	0,5	X
Doppelschere	X	1	0,5

Wenn Sie beispielsweise Stein wählen und Ihr Gegner zeigt Ihnen seine Doppelschere, wird diese verbogen und stumpf und Sie gewinnen das Spiel mit 2:0, und zwar mit der Wahrscheinlichkeit 1. Spielen Sie jedoch Stein und der Gegner nimmt Papier, wickelt er Sie ein und es steht unentschieden 1:1. Da Sie beide optimal spielen, haben Sie in der nächsten Runde gleiche Gewinnchancen von 50 %, deshalb steht in der entsprechenden Tabellenzelle 0,5. Und wenn Sie Papier wählen und der Gegner nimmt die Schere, gewinnt er nach der Sonderregel sofort, dann beträgt Ihre Gewinnwahrscheinlichkeit 0.

Was ist aber mit dem dreimal auftauchenden unbekannten „X" in der Tabelle? Sie stehen bei den Unentschieden-Ausgängen und sind die Wahrscheinlichkeit, in der nächsten optimal gespielten Runde (bei unverändertem Spielstand) zu gewinnen. Sagen wir, dass Sie in Ihrer optimalen Strategie Doppelschere mit der Wahrscheinlichkeit DS_1, Stein mit der Wahrscheinlichkeit St_1 und Papier mit der Wahrscheinlichkeit P_1 wählen. Egal wie der Gegner spielt, diese Strategie liefert Ihnen definitionsgemäß das beste Ergebnis beim Stand von 1:0, und zwar mit der obigen Wahrscheinlichkeit X. Spielt Ihr Gegner z. B. Stein, bekommen wir aus der Tabelle eine Gleichung der folgenden Form:

Das liest sich so, dass Sie mit Doppelschere eine Gewinnchance von 0,5 haben, mit Stein beträgt die Wahrscheinlichkeit X und mit Papier gewinnen Sie auf jeden Fall (Wahrscheinlichkeit 1). Auf analoge Weise kommen Sie zu den folgenden drei Gleichungen für die übrigen Möglichkeiten, für die sich Ihr Gegner entscheiden könnte:

$$DS_1 \cdot 1 + St_1 \cdot 1 + P_1 \cdot 0 = X$$
$$DS_1 \cdot 1 + St_1 \cdot 0,5 + P_1 \cdot X = X$$
$$DS_1 \cdot X + St_1 \cdot 1 + P_1 \cdot 0,5 = X.$$

Ihr Gegenüber steht vor einer ganz ähnlichen Situation, mit den Wahrscheinlichkeiten DS_2, St_2 und P_2 dafür, dass er Doppelschere, Stein bzw. Papier wählt, und zusätzlich noch der Wahrscheinlichkeit S_2 dafür, dass er sich für die normale Schere entscheidet. Wenn Sie beispielsweise auf Stein setzen, weiß Ihr Gegner, dass

$$DS_2 \cdot 1 + St_2 \cdot X + P_2 \cdot 0,5 = X$$

usw. Die Lösung des Gleichungssystems ergibt $X \approx 0,73$. Wenn Sie schon einen Punkt gemacht haben, gewinnen Sie die Partie in (fast) drei von vier Fällen. Weiterhin besagt die Lösung, dass Sie in Ihrer optimalen Strategie Doppelschere mit der Wahrscheinlichkeit 0,40 wählen sollten, Stein mit 0,33 und Papier mit 0,27. Der Gegner entscheidet sich im optimalen Fall gemäß den Wahrscheinlichkeiten $DS_2 = 0$, $St_2 = 0,55$, $S_2 = 0,21$ und $P_2 = 0,25$. Drei weitere Teile der Lösung sind erledigt!

Was jetzt noch fehlt, ist eine Strategie ab Spielanfang, also beim Stand von 0:0. Auch dafür bietet es sich an, eine Tabelle aufzustellen:

Ihr Gegner wählt	Ihre Gewinnchance bei			
	Normale Schere	Stein	Papier	Doppelschere
Normale Schere	0,5	X	0	X
Stein	$1 - X$	0,5	X	$1 - X$
Papier	1	$1 - X$	0,5	X
Doppelschere	$1 - X$	X	$1 - X$	0,5

Wie eben müssen Sie ein lineares Gleichungssystem lösen, ich erspare Ihnen diesmal die Details. Die optimale Strategie, die Sie auf diese Weise für den Spielstand 0:0 erhalten, besagt für Ihre Wahrscheinlichkeiten $DS_1 = 0$, $St_1 = 0,52$, $S_1 = 0,24$ und $P_1 = 0,24$. Interessanterweise sollte keine Seite vor dem ersten gemachten Punkt die Doppelschere wählen – nach dem ersten Punkt wiederum sollte keiner auf die normale Schere setzen.

Wie würde Elvis die Situation beschreiben? Rock is King.

Wie lange werden Sie Chaos-Fangen spielen?

Übersicht

Es ist ein schöner Sommertag, Sie sind mit Ihren Freunden in den Park gegangen. Nachdem Sie das Picknick verputzt haben, entscheiden Sie sich, das herrliche Wetter mit einer Partie Chaos-Fangen auszunutzen. Für diejenigen von Ihnen, die in die Freuden von Chaos-Fangen (oder Chaos-Kriegen, Chaos-Haschen, …) noch nicht eingeweiht sind, hier sind die Regeln:

1. Jede Gruppe von zwei oder mehr Menschen kann Chaos-Fangen spielen. Alle Spieler sind bei Spielbeginn „frei".
2. „Freie" Spieler können herumrennen und andere freie Spieler fangen oder „ab" machen, etwa indem sie diese kurz berühren und laut „AB!" brüllen.
3. Wer „ab" ist, darf sich nicht mehr bewegen und muss sich an der Stelle, wo er gefangen wurde, hinsetzen.
4. Ein gefangener Spieler wird wieder frei, wenn die Person, die ihn „ab" gemacht hat, selbst gefangen wird.

© Der/die Herausgeber bzw. der/die Autor(en), exklusiv lizenziert durch Springer-Verlag GmbH, DE, ein Teil von Springer Nature 2020
O. Roeder, *Fantastische Rätsel und wie Sie sie lösen können*, https://doi.org/10.1007/978-3-662-61728-1_16

5. Der Sieg steht dem Spieler zu, der als letzter noch frei herumläuft.

Nehmen Sie an, dass heute *N* Spieler beim Chaos-Fangen im Park mitmachen. Wenn alle Spieler die gleichen Chancen haben, einen anderen zu fangen oder von einem anderen gefangen zu werden, wie lange wird das Spiel dann dauern, gemessen an der Zahl von „AB!"-Rufen?

eingesandt von Ryan Tavenner über Austin Shapiro

Lösung

Das größte Problem beim Chaos-Fangen ist, dass mit wachsender Spielerzahl die Zahl der „AB!"-Rufe sehr schnell zunimmt. Bei nur drei Spielern erwarten wir als Lösung drei „AB!"-Rufe. Warum? Sagen wir, dass Alyssa, Barry und Carl mitspielen und dass als Erstes Alyssa Carl „ab" macht. In der Hälfte der Fälle erwischt sie danach auch noch Barry, ist allein übrig und gewinnt das Spiel. In der anderen Hälfte der Fälle jedoch kriegt Barry Alyssa, wodurch sie zu Boden sinkt und Carl wieder freikommt. Dann sind wir wieder da, wo wir vorher waren, nämlich zwei freie und eine gefangene Spielerin. Nennen wir die zu erwartende Zahl der „AB!"-Rufe im Spiel *E*. Das Spiel beginnt immer mit einem „AB!"-Ruf, dann verzweigt es sich, wie gerade vorgerechnet:

$$E = 1 + \frac{1}{2} \cdot 1 + \frac{1}{2} \cdot E.$$

Wenn wir das nach *E* auflösen, bekommen wir $E = 3$. Mit derselben Argumentation finden wir für fünf Spieler durchschnittlich 15 „AB!"-Rufe ($E = 15$), bei zehn Spielern sind es schon 511. Wenn es alle zehn Sekunden einen erwischt, sind die zehn Freunde bereits 1,5 h beschäftigt.

Stellen Sie sich jetzt ein Spiel mit 100 Leuten vor. In dem extrem unwahrscheinlichen Fall von zwei Profiplayern, die jeweils 49 Gegner „ab" machen und dann zu zweit übrig sind, würde der nächste „AB!"-Ruf 49 gefangene Spieler zurück ins Spiel bringen. Wenn die besten Spieler auch nur gut genug sind, um fünf Mitspieler zu erwischen, bevor sie selbst „ab" sind, geht die Zahl der „AB!"-Rufe durch die Decke. Der Erwartungswert E ergibt sich für 100 Spieler als 633.825.300.114. 114.700.748.351.602.687 „AB!"-Rufe. Dieses Spiel würde billionenfach länger dauern als das aktuelle Alter des Universums! Und die Zahl der zu berücksichtigenden Fälle beim Abzählen der „AB!"-Rufe scheint auch mehr als erschreckend hoch zu sein.

Zum Glück gibt es einen ziemlich schicken Lösungsweg, um das Problem auf einer einzigen Seite zu lösen: Jeder Spieler P ist verantwortlich für $n(P)$ momentan gefangene Mitspieler. Natürlich ist zu Beginn des Spiels $n(P) = 0$ für alle Spieler, da ja alle „frei" beginnen. Am Ende (wenn es denn dazu kommt …) ist $n(Gewinner) = N - 1$. Wir definieren jetzt den „Punktestand" von Spieler P als $2^{n(P)} - 1$ und das „Gesamtergebnis" eines Spiels als die Summe aller Punkte aller Spieler. Dieses Gesamtergebnis ist am Anfang des Spiels 0 und am Ende $2^{N-1} - 1$, siehe oben. Nehmen wir nun irgendeinen Moment während des Spiels und überlegen, was als Nächstes passiert. Dabei sollen P und Q freie Spieler sein. Wenn P Q erwischt, ändert sich der Punktestand um $2^{n(P)} - 2^{n(Q)} + 1$, und wenn P Q kriegt, dann um $2^{n(Q)} - 2^{n(P)} + 1$. Der Mittelwert dieser beiden Zahlen ist 1. Da beide Möglichkeiten laut Aufgabenstellung gleich wahrscheinlich sind und letztlich alle Möglichkeiten in Paaren dieser Art auftreten, nimmt der Erwartungswert des Gesamtergebnisses jedes Mal um 1 zu. Daraus folgt, dass die zu erwartende verbleibende Spieldauer ab einer gegebenen Situation S durch Gesamtergebnis(Endzustand) – Gesamtergebnis(S) gegeben ist. Damit ist die zu erwartende Spieldauer gleich Gesamtergebnis(Endzustand) – Gesamtergebnis(Spielbeginn) $= 2^{N-1} - 1$.

Ist Ihnen aufgefallen, dass die durchschnittliche Zahl der „AB!"-Rufe für eine Zahl N von Spielern immer ganz nah an einer Zweierpotenz liegt? $N = 3 \rightarrow 4 - 1 = 3$-mal „ab", $N = 5 \rightarrow 16 - 1 = 15$-mal „ab", $N = 10 \rightarrow 512 - 1 = 511$-mal „ab" usw. Daraus könnten wir selbst ohne algebraische Argumentation (oder Kenntnisse) die Vermutung ableiten, dass das Ergebnis $2^{N-1} - 1$ sein sollte.

Was ist bloß mit Ihren griesgrämigen Nachbarn los?

Übersicht

Die Griesgrame kommen! Stellen Sie sich eine Reihe von N Reihenhäusern vor, die anfangs alle neu und unbewohnt sind.

In diese Reihe ziehen einer nach dem anderen schlecht gelaunte Griesgrame ein. Da Griesgrame sich insbesondere gegenseitig nicht ausstehen können, suchen sie sich jeweils zufällig ein leeres Haus, wo nebenan auf beiden Seiten niemand wohnt. Das geht so lange, bis kein akzeptables nachbarfreies Haus mehr übrig ist.

Wie groß ist der zu erwartende Anteil an bezogenen Häusern, wenn die Siedlung immer weiter wächst, d. h., N gegen unendlich geht?

eingesandt von Jim Ferry

© Der/die Herausgeber bzw. der/die Autor(en), exklusiv lizenziert durch Springer-Verlag GmbH, DE, ein Teil von Springer Nature 2020
O. Roeder, *Fantastische Rätsel und wie Sie sie lösen können*,
https://doi.org/10.1007/978-3-662-61728-1_17

Lösung

Da ein Griesgram immer nur in ein leeres Haus zieht, neben dem kein bewohntes Haus steht, wird asymptotisch gesehen die dichtestmöglich gepackte Anordnung aus abwechselnd bewohnten und unbewohnten Häusern bestehen. In der leersten Nachbarschaft wäre dagegen jedes dritte Haus bewohnt. Richard Feynman, berühmter Physik-Nobelpreisträger und Mathegenie, würde jetzt sofort auf einen Anteil bewohnter Häuser von $1/e$ tippen. Von den vielen erstaunlichen Anekdoten aus seinem Leben handelt nämlich eine davon, wie er jede Menge Potenzen der Zahl e im Kopf ausrechnet. Aber stimmt das auch? Nein.

Die korrekte Antwort ist in diesem Fall $(1 - e^{-2})/2 \approx 0{,}432$. Etwa 43,2 % der Häuser sind im Mittel bewohnt. Sie beliebten möglicherweise zu scherzen, Mr. Feynman …

Und warum? Holen Sie tief Luft – jetzt ist Mathezeit!

Sei a_n die zu erwartende Griesgramzahl in einer Reihe aus n Häusern – also genau das, was wir wissen wollen. Logischerweise gilt $a_0 = 0$ und $a_1 = 1$. Ohne Häuser keine Bewohner, und ein einzelnes Haus hat keine Nachbarn, die den Griesgram vergraulen würden. Leider wird es ab hier komplizierter.

Für große n, also echte Reihenhausreihen mit richtig vielen Häusern[1], gehen wir am besten Griesgram für Griesgram vor. Der erste Griesgram sucht sich Haus k aus (einfach irgendeins zwischen 1 und n), dies hat die Wahrscheinlichkeit $1/n$. Damit ist a_n zunächst einmal 1 zuzüglich der Beiträge von den beiden Häuserreihen links und rechts von Haus k, also Haus 1 bis $k - 2$ und Haus $k + 2$

---

[1]Anm. d. Übers.: Denken Sie an die virtuellen Luftbilder vom Ligusterweg in den Harry-Potter-Filmen.

bis Haus n. (Sie erinnern sich, dass kein anderer Griesgram direkt neben Griesgram 1 wohnen will.) Wir können
nun eine sogenannte rekursive Gleichung aufstellen, und
zwar für die Beziehung zwischen der zu erwartenden
Griesgramzahl in verschiedenen Abschnitten der Reihenhausreihe und der wachsenden Länge der Reihenhausreihe. Genauer gesagt ist die zu erwartende Griesgramzahl
in der Reihe 1 plus die zu erwartende Griesgramzahl in
allen übrigen Häusern.

$$a_n = 1 + \frac{2}{n} \cdot \sum_{j=1}^{n-2} a_j.$$

Wir setzen $s_n = \sum_{j=1}^{n} a_j$ und haben

$$a_n = 1 + \frac{2}{n} \cdot s_{n-2} \quad \text{und} \quad s_n = s_{n-1} + a_n.$$

Die gute Nachricht daran ist, dass wir dieses Gleichungssystem gar nicht wirklich lösen wollen, wir suchen lediglich den Grenzwert von a_n/n, wenn n gegen ∞ geht,
also den Anteil der bewohnten Häuser in einer ernst-
haft langen Reihenhausreihe. Dazu führen wir die
sogenannten erzeugenden Funktionen $A(x) = \sum_{n=0}^{\infty} a_n x^n$
und $S(x) = \sum_{n=0}^{\infty} s_n x^n$ ein. Erzeugende Funktionen
benutzt man, um unendliche Folgen und Reihen zu untersuchen, wie z. B. die unendliche Folge der mehr oder
weniger bewohnten Reihenhausreihen. Wir multiplizieren
nun einfach jede Seite der obigen Gleichung mit x^n und
summieren von 0 bis ∞:

$$A(x) = \frac{1}{1-x} + 2F(x).$$

Mit $F'(x) = xS(x)$ und

$$S(x) = xS(x) + A(x)$$

erhalten wir $A(x) = (1 - x)S(x)$, Differenzieren der ersten Gleichung ergibt dann

$$(1 - x)S'(x) - S(x) = \frac{1}{(1 - x)^2} + 2xS(x)$$

mit der Anfangsbedingung $S(0) = 0$ (also $s_0 = 0$). Die Lösung dieser Differenzialgleichung ist

$$S(x) = \frac{1 - e^{-2x}}{(1 - x)^3}$$
$$\Rightarrow A(x) = \frac{1 - e^{-2x}}{(1 - x)^2}.$$

Also ist die asymptotische Wachstumsrate von $a_n \sim n \cdot (1 - e^{-2})/2$ Und das bedeutet, dass der Grenzwert von a_n/n für $n \to \infty$ in der Tat $(1 - e^{-2})/2$ ist und wirklich 43,2 % der Häuser bewohnt sind. Dies ist näher an der dichtestmöglichen (50 %) als an der leersten (33,3 %) Anordnung.

Jetzt sind Sie dran bei „Rate deinen Hut!"

Übersicht

Nach den drei Logikerinnen und den zehn Zwergen sind nun Sie mit sechs Freundinnen im Studio bei der populären Fernsehshow „Rate deinen Hut!". Ein hipsterbärtiger Assistent setzt Ihnen allen von hinten einen Hut auf, der zufällig ausgewählt entweder schwarz oder weiß ist. Alle sieben Mitspielerinnen (Sie eingeschlossen) können wie immer alle Hüte außer Ihrem eigenen sehen. Jede von Ihnen kann entweder ihre Hutfarbe raten oder passen. Wenn mindestens eine richtig geraten und niemand einen falschen Tipp abgegeben hat, gewinnen Sie alle zusammen einen exklusiven All-inclusive-Trip zur internationalen Hipsterhut-Expo (viele schicke Hipster warten auf Sie). Wenn auch nur eine falsch rät oder alle passen, verlieren Sie alle (aber immerhin wird niemand aufgegessen). Während des Spiels ist keinerlei Kommunikation erlaubt oder auch nur möglich – Sie befinden sich beim Raten in separaten, schalldichten Räumen –, doch Sie dürfen davor eine gemeinsame Strategie ausdiskutieren.

© Der/die Herausgeber bzw. der/die Autor(en), exklusiv lizenziert durch Springer-Verlag GmbH, DE, ein Teil von Springer Nature 2020
O. Roeder, *Fantastische Rätsel und wie Sie sie lösen können*, https://doi.org/10.1007/978-3-662-61728-1_18

Welche Strategie ist die beste? Wie groß sind Ihre Gewinnchancen?

eingesandt von Jared Bronski

Lösung

Es liegt nahe, auf eine Gewinnchance von 50 % zu tippen – genau das haben viele Leser getan, als wir die Aufgabe zum ersten Mal gestellt hatten. Irgendeine von Ihnen muss raten (es dürfen nicht alle passen), und deren Hut ist schwarz oder weiß mit je 50 % Wahrscheinlichkeit. Aber: Bemerkenswerterweise können Sie das als Team deutlich besser machen.

Ihre bestmögliche Gewinnchance beträgt 7/8, also 87,5 %. Dafür brauchen Sie die im Folgenden beschriebene optimale Spielstrategie.

Um die Sache ein bisschen intuitiver zu machen, betrachten wir zuerst ein einfacheres Beispiel, wo Sie nur zu dritt im Fernsehstudio stehen. Hier können Sie mit 75 % Wahrscheinlichkeit gewinnen. Die einfache Strategie dafür geht so: Jede sieht die Hüte der anderen beiden. Wenn eine von Ihnen einen schwarzen und einen weißen Hut sieht, passt sie. Wenn sie zwei gleiche Hüte sieht (schwarz + schwarz oder weiß + weiß), wählt sie die jeweils andere Variante. Damit setzen Sie im Wesentlichen darauf, dass nicht alle Hüte schwarz oder alle Hüte weiß sind, was ja auch ziemlich unwahrscheinlich ist. Ist dies der Fall, sieht mindestens eine Mitspielerin zwei gleiche Farben und gibt einen Tipp ab (erste Bedingung erfüllt). Und dieser Tipp stimmt, wenn nach Voraussetzung nicht alle Hüte gleich aussehen (zweite Bedingung ok). Ist dies doch der Fall, raten alle drei falsch, aber diese Situation hat nur eine Wahrscheinlichkeit von 25 %. Also gewinnt die Strategie in 75 % der Fälle. In gewisser Weise werden die falschen Tipps „zusammengedrängt" und die richtigen „aufgefächert".

Nun zurück zur eigentlichen Aufgabe mit sieben Mitspielerinnen. Es wird deutlich komplizierter, aber das Grundprinzip bleibt das gleiche – entweder rät jeweils genau eine von sieben Personen richtig oder alle gleichzeitig falsch. Um die Übersicht zu behalten, nummerieren wir die Mitspielerinnen durch, wobei sich herausstellt, dass in diesem Fall Binärzahlen die geschickteste Wahl sind:

Anna	001
Ben	010
Clara	011
Donald	100
Edna	101
Fred	110
Georgette	111

Jede Mitspielerin zählt die schwarzen Hüte, die sie sieht. Anschließend führt eine Mitspielerin einen kleinen Algorithmus aus, der ein „XOR" auf die Schwarzhüte anwendet, um die eigentliche Bewertungszahl zu erhalten. (XOR oder „exklusives Oder" ist eine logische Operation, die dann und nur dann WAHR zurückgibt, wenn genau ein Input WAHR ist. Binär gesehen ist dies eine bitweise Addition ohne Übertrag: 1 XOR 0 = 1, 1 XOR 1 = 0 usw.) Wenn am Ende eine 0 herauskommt, rät die Spielerin „schwarz". Entspricht die Zahl der eigenen Nummer, rät sie „weiß". Sonst passt sie.

Nehmen wir beispielsweise an, dass Anna, Ben und Georgette schwarze Hüte tragen und die übrigen weiße. Anna sieht zwei schwarze Hüte (bei Ben und Georgette) und berechnet für sich 010 XOR 111 = 101, was weder 0 noch ihre eigene Nummer (001) ist, also passt sie. Ben kommt entsprechend auf 001 XOR 111 = 110 und passt ebenfalls, ebenso wie Georgette mit 001 XOR 010 = 011. Die übrigen – Clara, Donald, Edna und Fred – bekommen alle 001 XOR 010 XOR 111 = 100 heraus. Dies ist die Nummer von Donald, also passen alle außer ihm und er tippt magischerweise korrekt auf „weiß".

Am Ende des Tages (bzw. der Fernsehshow) kommen wir auf ein Resultat, das ganz ähnlich ist wie das mit drei Mitspielerinnen: Entweder rät genau eine von sieben korrekt oder alle gleichzeitig falsch. Sie setzen bei dieser Strategie darauf, dass bei der XOR-Operation der schwarzen Hüte nicht 0 herauskommt. Da es acht mögliche Ergebnisse gibt, ist diese Annahme in sieben von acht Fällen (87,5 %) korrekt.

Das Rätsel des einsamen Königs

Übersicht

Der kinderlose König von Solitaria lebt allein in seinem Schloss. Eines Tages bietet der einsame Monarch einem seiner Untertanen die Möglichkeit, für einen Tag Prinzessin oder Prinz zu sein. Die treuen Untertanen sind begeistert und wollen alle unbedingt der oder die Glückliche sein, denn sie haben die Erzählungen von der opulenten Schloss-ausstattung und den dekadenten Mahlzeiten gehört. Die Bevölkerung des Königreichs versammelt sich auf dem Dorfplatz in der Hoffnung, die oder der Auserwählte zu werden.

Wer das ist, entscheidet das folgende Spiel: In der ersten Runde wählt jede Person auf dem Dorfplatz zufällig eine andere. (Natürlich können dabei Untertanen mehr als einmal ausgewählt werden.) Alle, die auf diese Weise ausgewählt wurden, werden eliminiert. Nicht getötet oder gar aufgegessen, sondern einfach zurück in ihre Katen geschickt. In jeder weiteren Runde zeigt wieder jeder im Spiel Verbliebene auf irgendwen, und auf wen gezeigt wird, der ist raus. Wenn am Ende genau ein Untertan übrig

geblieben ist, gewinnt er oder sie und darf die sagen-
haften Freuden des Schlosses einen Tag lang genießen.
Natürlich könnten auch schon nach der ersten Runde alle
in ihre Katen geschickt worden sein, dann hätte niemand
gewonnen und der König bliebe auch am folgenden Tag
allein. Wenn die Bevölkerung des Königreichs aus 56.000
Personen besteht (den König nicht mitgezählt), ist es dann
wahrscheinlicher, dass eine Eintagsprinzessin bzw. ein
Eintagsprinz gefunden wird oder dass der König allein zu
Haus bleibt?

eingesandt von Charles Steinhardt

Lösung

Wenn es genau 56.000 Untertanen gibt, beträgt die Wahrscheinlichkeit, dass genau eine Person übrig bleibt und
„Prinz oder Prinzessin für einen Tag" wird, etwas weniger
als 50 %, nämlich rund 48 %.

Die Antwort auf diese Frage zeigt für unterschiedliche
Bevölkerungsgrößen einige sehr merkwürdige Effekte. Die
Wahrscheinlichkeit, dass am Ende genau eine oder einer
übrig bleibt und nicht eine Gruppe, die sich gegenseitig
nach Hause schickt, schwankt um den Wert 50 %, kon-
vergiert aber niemals gegen diese Zahl. Vielmehr oszilliert
sie darum herum, ähnlich einer Sinuswelle, und liegt
abhängig von der genauen Zahl der Beteiligten manchmal
etwas drüber und manchmal etwas drunter. Es scheint
keine intuitive Erklärung für dieses seltsame Verhalten zu
geben, es ist ziemlich mysteriös (um nicht zu sagen: ein
Rätsel). Auch professionelle Mathematiker[1] beschäftigen

---

[1]Siehe z. B. den Fachartikel „The Asymptotics of Group Russian Roulette"
von Tim Van De Brug, Wouter Kager und Ronald Meester – ein dicht
geschriebenes 26-seitiges Paper, das beweist, dass die Antwort auf unsere Frage
für immer um die 50 % schwankt.

sich mit diesem Problem, es ist – etwas düster formuliert – unter dem Namen „group Russian roulette"[2] bekannt.

Ich gebe zu, dass diese „Lösung" nicht sehr befriedigend ist. Aber es ist faszinierend, dass sich solche Schönheit und Komplexität direkt unter der Oberfläche einer so simplen Situation finden lässt.

---

[2]Anm. d. Übers.: Das müsste man mit „Russisches Gruppenroulette" übersetzen. Geben Sie diesen Begriff bitte nicht auf Deutsch bei einer Suchmaschine ein.

Wahrscheinlichkeit

Der bezaubernde Charme dieser subtilen Wissenschaft erschließt sich nur denjenigen, die den Mut besitzen, tief in sie einzudringen.[1]
– Carl Friedrich Gauß

---

[1]Anm. d. Übers.: Aus einem Brief von Gauß an Sophie Germain, im Original französisch.

Erwischen Sie die Gespenster oder zerstören Sie die Welt?

Übersicht

20 Gespensterjäger haben sich zu ihrem jährlichen Campingwochenende getroffen. Zwei von ihnen, Abe und Betty, haben entdeckt, dass ein anderes Paar, Chantal und Danny, in Wirklichkeit Gespenster sind, die sich als Gespensterjäger verkleidet haben. Abe und Betty denken sich folgenden Plan aus: Wenn am Abend alle 20 Camper im Kreis um das Lagerfeuer versammelt sind, feuert Abe seinen Protonenpulverisator auf Chantal ab und Betty den ihren auf Danny, auf diese Weise werden die Gespenster annihiliert. Das Problem dabei: Wenn sich zwei Protonenpulverisatorstrahlen überkreuzen, bedeutet dies das Ende der Welt.

Wenn die Gespensterjäger zufällig über den Kreisumfang ums Lagerfeuer verteilt sind, wie groß ist dann die Wahrscheinlichkeit eines Weltuntergangs?

eingesandt von Max Weinreich

© Der/die Herausgeber bzw. der/die Autor(en), exklusiv lizenziert durch Springer-Verlag GmbH, DE, ein Teil von Springer Nature 2020
O. Roeder, *Fantastische Rätsel und wie Sie sie lösen können*,
https://doi.org/10.1007/978-3-662-61728-1_20

Lösung

Die Chance auf einen Weltuntergang beträgt 1/3.

Es gibt 20 Gespensterjäger (oder zumindest Wesen, die so aussehen), aber wir brauchen uns nur um vier von ihnen zu kümmern: Abe, Betty, Chantal und Danny. Die übrigen 16 haben keinen Einfluss auf die Schussbahnen der Protonenpulverisatoren, also ignorieren wir sie (sorry, ihr irrelevanten Hilfsgespensterjäger).

Nehmen wir an, Abe sitzt auf dem Kreisrand mit seinen vier relevanten Sitzplätzen an der nördlichen Position. Dann kann Betty an drei verschiedenen Stellen sitzen, Ost, West oder Süd. Die Geister nehmen die anderen beiden Plätze ein. Es gibt $3 \cdot 2 \cdot 1 = 6$ Möglichkeiten, die vier Sitzplätze zu besetzen. Bei genau zwei davon – und zwar denen, wo Chantal auf Süd sitzt und Abe über das Lagerfeuer feuern muss – wird sich sein Strahl mit dem von Betty überkreuzen. Da alle sechs Möglichkeiten gleich wahrscheinlich sind, beträgt die Weltuntergangswahrscheinlichkeit $2/6 = 1/3$.

Können Sie dieses tödliche Brettspiel überleben?

Übersicht

Während Ihrer Reise durch das Königreich Arbitraria werden Sie eines ruchlosen Verbrechens angeklagt (ohne richtig zu wissen, worum es dabei geht). Das arbitrarische Justizwesen entscheidet „schuldig" oder „nicht schuldig" mithilfe eines Brettspiels. Das Spielbrett ist sehr einfach: eine lange Reihe von Feldern, die von 0 bis 1000 durchnummeriert sind. Feld 0 heißt „Start", dort müssen Sie Ihren Pöppel[1] platzieren. Sie bekommen einen fairen sechsseitigen Würfel und drei Münzen. Sie dürfen die Münzen auf drei verschiedene Felder (außer 0) legen, von dort dürfen die Münzen in der Folge nicht mehr entfernt werden.

Nachdem Sie die Münzen gelegt haben, werfen Sie den Würfel und rücken Ihren Pöppel um die entsprechende

---

[1]Anm. d. Übers.: Für Nichtbrettspielfreaks – es handelt sich dabei um eine Spielfigur.

© Der/die Herausgeber bzw. der/die Autor(en), exklusiv lizenziert durch Springer-Verlag GmbH, DE, ein Teil von Springer Nature 2020
O. Roeder, *Fantastische Rätsel und wie Sie sie lösen können*,
https://doi.org/10.1007/978-3-662-61728-1_21

Zahl an Feldern vor. Wenn Sie dabei auf ein Feld mit einer Münze treffen, sind Sie unschuldig und damit frei. Wenn nicht, würfeln Sie erneut und rücken weiter vor. Haben Sie alle drei Münzen passiert, ohne auch nur eine davon genau zu erreichen, sind sie schuldig und werden exekutiert. Auf welche drei Felder sollten Sie die Münzen legen, um Ihre Überlebenschancen zu maximieren?

Zusatzaufgabe: Angenommen, es gibt noch eine weitere Regel, die es Ihnen verbietet, die Münzen auf angrenzende Felder zu setzen. Was wäre jetzt die ideale Anordnung? Was wären die gefährlichsten Felder? Und wo müssen die Münzen hin, wenn Sie unbedingt als Märtyrer der arbitrarischen Untergrundbewegung enden wollen?

eingesandt von James Kushner

Lösung

Um die besten Chancen auf einer Fortsetzung Ihrer (Lebens-)Reise zu haben, legen Sie Ihre drei Münzen auf die Felder 4, 5 und 6. Sie überleben dann in etwa 79,4 % der Fälle. Ermutigend.

Ein bisschen Intuition hilft hier enorm weiter. Als Erstes wollen Sie ganz bestimmt eine Münze auf die 6 setzen. Dies ist die beste Wahl, weil sie die Anzahl der Würfelergebnisse maximiert, die auf einem Feld landen können. Sie können eine 6 würfeln und sofort dort sein. Andernfalls haben Sie noch mindestens einen weiteren Wurf. Feld 5 ist aus dem gleichen Grund ein guter Kandidat, denn entweder landen Sie dort sofort, oder Sie haben mit 5/6 Wahrscheinlichkeit noch eine zweite Chance.

Sie können diese intuitiven Geheimtipps natürlich auch mathematisch untermauern. Haben Sie erst einmal Münzen auf Feld 5 und 6, müssen Sie nur noch klären, ob die dritte Münze besser auf 4 oder auf 7 sitzt. So können Sie das entscheiden:

Die Gewinnwahrscheinlichkeit bei 4–5–6 ist wie folgt.

1. Wurf	Gewinnwahrscheinlichkeit
4, 5 oder 6	$\frac{1}{2} = 0{,}5$
3	$\frac{1}{6} \cdot \frac{1}{2} = \frac{1}{12} \approx 0{,}083$
2	$\frac{1}{6} \cdot \left(\frac{1}{2} + \frac{1}{12} \right) = \frac{7}{72} \approx 0{,}097$
1	$\frac{1}{6} \cdot \left(\frac{1}{2} + \frac{1}{12} + \frac{7}{72} \right) \approx 0{,}113$

Zusammengerechnet ergibt das etwa 0,794.[2]

Bei der Platzierung 5–6–7 ergibt sich die folgende Gewinnwahrscheinlichkeit.

1. Wurf	Gewinnwahrscheinlichkeit
5 oder 6	$\frac{1}{3} \approx 0{,}33$
4	$\frac{1}{6} \cdot \frac{1}{2} = \frac{1}{12} \approx 0{,}083$
3	$\frac{1}{6} \cdot \left(\frac{1}{2} + \frac{1}{12} \right) = \frac{7}{72} \approx 0{,}097$
2	$\frac{1}{6} \cdot \left(\frac{1}{2} + \frac{1}{12} + \frac{7}{72} \right) = \frac{49}{432} \approx 0{,}113$
1	$\frac{1}{6} \cdot \left(\frac{1}{2} + \frac{1}{12} + \frac{7}{72} + \frac{49}{432} \right) = \frac{343}{2592} \approx 0{,}132$

Hier ergibt die Summe rund 0,758, also etwas weniger. 4–5–6 bietet daher noch etwas bessere Chancen.

Die große Zahl der Felder im Spiel ist nichts als ein kleines Ablenkungsmanöver. Die Antwort wäre dieselbe bei einem 100 oder eine Million Felder langen Spielbrett. Die Wahrscheinlichkeit, auf irgendeinem gegebenen Feld

---

[2]Der zweite Faktor, also 1/2 bzw. der Ausdruck in Klammern, ist jeweils die Wahrscheinlichkeit, dass der nächste Würfelwurf Sie auf das rettende Münzenfeld bringt.

zu landen, ist ungefähr gleich, etwa 2/7, und es wäre egal, wo Sie Ihre Münzen ablegen.

Wenn Sie sich für den Märtyrerpfad interessieren, dann minimieren die Felder 1, 2 und 7 Ihre Überlebenschancen am effektivsten. Sie kommen dann bloß in 47,5 % der Fälle mit dem Leben davon. Wenn benachbarte Felder nicht erlaubt sind, führen die Felder 6, 8 und 10 zur besten und 1, 3 und 7 zur schlechtesten Überlebenswahrscheinlichkeit.

Werden Sie (ja Sie!) die Wahl entscheiden?

Übersicht

Sie sind der einzige vernünftige Wähler in einem Staat, in dem zwei Kandidaten zur Wahl stehen, die beide Senator werden wollen. Es gibt außer Ihnen noch N weitere Wähler, die ihre Stimme jedoch komplett zufällig abgeben. Dabei handeln sie alle unabhängig voneinander und entscheiden sich mit je 50 % Wahrscheinlichkeit für einen der beiden Kandidaten. Wie groß ist die Chance, dass Ihre Stimmabgabe die Wahl zugunsten Ihres Favoriten entscheidet? Und noch wichtiger: Wie hängt diese Chance von der Anzahl der Wähler im Staat ab? Wir sähe es z. B. mit Ihren Chancen aus, wenn doppelt so viele Leute in Ihrem Staat wahlberechtigt wären?

eingesandt von Andrew Spann

O. Roeder, *Fantastische Rätsel und wie Sie sie lösen können*, https://doi.org/10.1007/978-3-662-61728-1_22

Lösung

Wenn die N übrigen Wähler zufällig, unabhängig und mit je 50 % Wahrscheinlichkeit für einen der beiden Kandidaten votieren und Sie sich zu Ihrem Helden bekennen, dann liegt die Chance, dass Ihre Stimme die entscheidende ist, bei $\sqrt{2/N\pi}$.

Warum? Sie sind genau dann das Zünglein an der Waage, wenn exakt die Hälfte der N Zufallswähler für den einen und die andere Hälfte für den anderen Kandidaten stimmt. (Der Einfachheit halber nehmen wir N als gerade an. Andernfalls kann Ihre Stimme im besten Fall ein Unentschieden erzwingen. Sie müssten die obige Formel dafür etwas modifizieren, das spielt aber für realistisch große N keine wahrnehmbare Rolle mehr.) Das Wahlverhalten Ihrer Mitbürger folgt, genau wie etwa ein häufig wiederholter (fairer) Münzwurf, einer Binomialverteilung mit N Versuchen und einer „Trefferwahrscheinlichkeit" $p=0,5$ bei jedem einzelnen Wurf. Gemäß dieser Verteilung ist die Wahrscheinlichkeit, k Treffer bei N Versuchen zu bekommen, allgemein

$$\binom{N}{k} p^k (1-p)^{N-k}.$$

In unserem Fall heißt dies

$$\binom{N}{N/2} \left(\frac{1}{2}\right)^{N/2} \left(1 - \frac{1}{2}\right)^{N/2} = \binom{N}{N/2} \frac{1}{2^N}.$$

Hier könnten wir aufhören und dies als unser durch und durch korrektes Ergebnis notieren. Die Formel macht es allerdings ziemlich schwer zu verstehen, was mit zunehmender Wählerzahl N geschieht. Hier hilft die bekannte Stirling-Näherungsformel, benannt nach einem schottischen Mathematiker des 18. Jahrhunderts, James Stirling. Mit ihr lassen sich Fakultäten (aus denen ja die Binomialkoeffizienten, also etwa der „N über $N/2$"-Ausdruck, im Wesentlichen aufgebaut sind) durch einfacher zu behandelnde Ausdrücke ersetzen, ohne dass bei großen Zahlen viel Genauigkeit verloren ginge. Wenden Sie die Formel hier an, erhalten Sie die (Näherungs-)Lösung

$$\sqrt{\frac{2}{N\pi}}.$$

Bei 100.000 Wählern entscheidet Ihre Stimme die Wahl mit einer Wahrscheinlichkeit von 0,00.25 %. Das ist Demokratie – Ihre Stimme zählt, gehen Sie raus und wählen Sie!

Welcher Geysir spuckt zuerst?

Übersicht

Sie treffen erwartungsfroh am Drei-Geysire-Nationalpark ein. Auf einer Infotafel lesen Sie, dass die drei berühmten Geysire mit den schönen Namen A, B und C alle 2, 4 bzw. 6 h ausbrechen. Leider haben Sie keinerlei Ahnung, wann und in welcher Reihenfolge die Eruptionen stattfinden. Wenn Sie annehmen, dass die Eruptionen an einem zufälligen Punkt in der Vergangenheit begonnen haben, wie groß sind die Wahrscheinlichkeiten, dass Sie als Erstes A, B bzw. C ihr Wasser in den Himmel spucken sehen?

eingesandt von Brian Galebach

Lösung

Da Geysir A exakt alle 2 h ausbricht, wissen Sie, dass er innerhalb der nächsten 2 h nach Ihrer Ankunft aktiv werden wird. B bricht alle 4 h aus, und da Sie nichts

© Der/die Herausgeber bzw. der/die Autor(en), exklusiv lizenziert durch Springer-Verlag GmbH, DE, ein Teil von Springer Nature 2020
O. Roeder, *Fantastische Rätsel und wie Sie sie lösen können*, https://doi.org/10.1007/978-3-662-61728-1_23

darüber wissen, wann das zuletzt der Fall war, wird B mit der Wahrscheinlichkeit 1/2 in den nächsten 2 h ausbrechen. Dementsprechend wird der 6-h-Geysir C in den nächsten 2 h mit der Wahrscheinlichkeit 1/3 aktiv. (Mit anderen Worten: Von Ihrem Standpunkt aus sind die Ausbruchszeiten von A, B und C zwischen Ihrer Ankunftszeit und 2, 4 bzw. 6 h danach stetig gleichverteilt.) Die folgenden Fälle müssen wir betrachten:

1. A, B und C brechen alle in den nächsten 2 h aus.
2. A und B, aber nicht C brechen in den nächsten 2 h aus.
3. A und C, aber nicht B brechen in den nächsten 2 h aus.
4. Nur A bricht in den nächsten 2 h aus.

In allen vier Fällen brechen die Geysire, die jeweils in den nächsten 2 h ausbrechen können, mit gleicher Wahrscheinlichkeit aus. Also haben im ersten Fall A, B und C die Ersteruptionswahrscheinlichkeit 1/3, und im vierten Fall hat A die Wahrscheinlichkeit 1.

Um die Wahrscheinlichkeit auszurechnen, dass A als Erster dran ist, müssen Sie die entsprechenden Wahrscheinlichkeiten multiplizieren und dann summieren (Sie erinnern sich an die Pfadregeln? Sehr schön!):

$$p(A) = \left(\frac{1}{2} \cdot \frac{1}{3} \cdot \frac{1}{3} \right) + \left(\frac{1}{2} \cdot \frac{2}{3} \cdot \frac{1}{2} \right)$$
$$+ \left(\frac{1}{2} \cdot \frac{1}{3} \cdot \frac{1}{2} \right) + \left(\frac{1}{2} \cdot \frac{2}{3} \cdot 1 \right) = \frac{23}{36} \approx 0{,}639.$$

Entsprechend erhalten Sie für B und C die folgenden Ergebnisse (hier sind jeweils nur zwei Fälle aus der Liste relevant):

$$p(B) = \left(\frac{1}{2} \cdot \frac{1}{3} \cdot \frac{1}{3} \right) + \left(\frac{1}{2} \cdot \frac{2}{3} \cdot \frac{1}{2} \right) = \frac{8}{36} = \frac{2}{9} \approx 0{,}222$$
$$p(C) = \left(\frac{1}{2} \cdot \frac{1}{3} \cdot \frac{1}{3} \right) + \left(\frac{1}{2} \cdot \frac{1}{3} \cdot \frac{1}{2} \right) = \frac{5}{36} \approx 0{,}139.$$

Die Erstausbruchswahrscheinlichkeiten für A, B und C betragen somit 63,9 %, 22,2 % und 13,9 %.

Wird diese Art überleben?

Übersicht

Am Anfang gab es einen einzelnen Mikroorganismus, den einzigen Vertreter seiner Art. Jeden Tag teilen sich er und seine Nachkommen entweder in zwei Kopien auf oder sie sterben. Wenn die Vermehrungswahrscheinlichkeit p ist, wie groß ist die Chance, dass die Art ausstirbt?

eingesandt von Thierry Zell

Lösung

Für $p \leq 1/2$ stirbt die Art mit Sicherheit aus. Ist $p > 1/2$, hat sie eine reelle Chance, sie stirbt dann nur mit der Wahrscheinlichkeit $(1/p) - 1$ aus.

Warum das so ist? Nennen wir die Wahrscheinlichkeit, dass die Art ausstirbt, q. Sie ist die Summe aus der Wahrscheinlichkeit, dass die Originalmikrobe stirbt, und

O. Roeder, *Fantastische Rätsel und wie Sie sie lösen können*,
https://doi.org/10.1007/978-3-662-61728-1_24

der bedingten Wahrscheinlichkeit, dass nach einer Vermehrung beide „Kinder" (aus)sterben. Daher ist

$$q = (1 - p) + pq^2.$$

Lösen wir dies nach q auf, bekommen wir zwei Lösungen: $q = (1/p) - 1$ und $q = 1$. Die erste ist nur dann eine wohldefinierte Wahrscheinlichkeit (d. h., sie liegt nur dann zwischen 0 und 1), wenn $p > 1/2$ ist. Andernfalls ist $q = 1$, das Aussterben also ein sicheres Ereignis im Sinne der Wahrscheinlichkeitsrechnung.

Die folgende Kurve zeigt den Zusammenhang zwischen Vermehrungs- und Aussterbewahrscheinlichkeit. Nimmt die erste (oberhalb von $p > 1/2$) zu, geht letztere in die Knie.

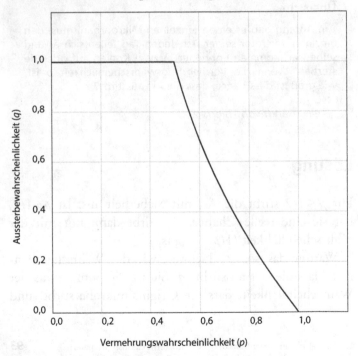

Läuft Ihnen Ihr Baby davon?

Übersicht

Ihr Baby lernt gerade laufen. Zuerst hält es sich noch an der Couch fest. Wann immer sie nahe bei der Couch ist, wird die Kleine mit 25 % Wahrscheinlichkeit einen Schritt vorwärts machen und sich mit 75 % Wahrscheinlichkeit weiter an die Couch klammern. Ist sie einen Schritt oder weiter von der Couch entfernt, wird sie mit 25 % Wahrscheinlichkeit einen weiteren Schritt vorwärts machen, mit 25 % Wahrscheinlichkeit bleiben, wo sie gerade ist, und mit 50 % Wahrscheinlichkeit einen Schritt zurück zur Couch tapsen.

Wie viel Prozent ihrer Zeit wird sich Ihr Goldstück auf lange Sicht nahe bei der Couch aufhalten?

eingesandt von Steve Simon

O. Roeder, *Fantastische Rätsel und wie Sie sie lösen können*, https://doi.org/10.1007/978-3-662-61728-1_25

Lösung

Das Baby wird sich in 50 % der Zeit an die Couch klammern. Lassen Sie uns ein Gleichungssystem aufstellen auf Grundlage dessen, was wir wissen. Sei a die Langzeitwahrscheinlichkeit, dass die Kleine sich ans Sofa klammert, b die Wahrscheinlichkeit, dass sie einen Schritt entfernt ist, c die Wahrscheinlichkeit, dass sie zwei Schritte entfernt ist, usw. Zustand a kann sie entweder von Zustand a aus erreichen (sie bleibt bei der Couch) oder von Zustand b aus, wenn sie von dort einen Schritt zurück zum Sofa macht. Also ist $a = 0,75 \cdot a + 0,5 \cdot b$ oder vereinfacht $a = 2 \cdot b$. Zustand b erreicht Ihr Baby von Zustand a aus (ein Schritt vor), von Zustand b aus (stehen bleiben) oder von c aus (ein Schritt zurück). Das führt auf die Gleichung $b = 0,25 \cdot a + 0,25 \cdot b + 0,5 \cdot c$, vereinfacht erhalten wir $b = 2 \cdot c$. Des Weiteren bekommen wir ganz analog $c = 2 \cdot d$, $d = 2 \cdot e$, $e = 2 \cdot f$ usw.

Da die Kleine immer irgendwo bleibt oder hingeht, müssen alle Wahrscheinlichkeiten zusammen 1 ergeben:

$$1 = a + b + c + d + \ldots$$
$$= a + \frac{a}{2} + \frac{a}{4} + \frac{a}{8} + \ldots$$

In der zweiten Zeile steht die wohlbekannte konvergierende geometrische Reihe und ergibt $2a$. Also ist $a = 1/2$.

Besetzt oder nicht besetzt, das ist hier die Frage

Übersicht

In dem Bürogebäude, wo Sie arbeiten, gibt es eine Toilette, die immer nur von einer Person benutzt werden kann. Daher befindet sich außen an der Tür ein kleines Schild, auf dessen einer Seite „besetzt" und auf der anderen „frei" steht. Dadurch kann eigentlich jeder sehen, ob gerade jemand dort beschäftigt ist, nur leider vergessen die Benutzer oft, das Schild auf „besetzt" zu drehen, wenn sie hineingehen, oder auf „frei", wenn sie fertig sind.

Nehmen Sie an, dass 1/3 der Benutzer das Schild überhaupt nicht beachtet. Darum bleibt das Schild während und nach ihrem Toilettengang auf der gleichen Seite wie vor dem Eintreten. Ein weiteres Drittel der Benutzer sieht sich das Schild beim Eintreten an und vergewissert sich, dass es auf „besetzt" steht, wenn sie drin sind. Allerdings fühlen sie sich danach so erleichtert, dass sie vergessen, das Schild wieder auf „frei" zurückzudrehen. Das letzte Drittel macht alles richtig: Sie sorgen dafür, dass das Schild „besetzt" anzeigt, wenn sie hineingehen, und „frei", wenn sie wieder draußen sind. Nehmen Sie schließlich noch an,

© Der/die Herausgeber bzw. der/die Autor(en), exklusiv lizenziert durch Springer-Verlag GmbH, DE, ein Teil von Springer Nature 2020
O. Roeder, *Fantastische Rätsel und wie Sie sie lösen können*, https://doi.org/10.1007/978-3-662-61728-1_26

dass die Toilette jeden Tag rund um die Uhr genau die Hälfte der Zeit besetzt und die andere Hälfte frei ist.

Zwei Fragen drängen sich hier auf:

1. Wenn das Schild an der Toilettentür „besetzt" angibt, wie wahrscheinlich ist es dann, dass die Toilette tatsächlich besetzt ist?
2. Wenn das Schild an der Toilettentür „frei" angibt, wie wahrscheinlich ist es dann, dass die Toilette tatsächlich frei ist?

eingesandt von Dave Moran

Lösung

Nennen wir die drei Typen von Toilettengängern zuverlässig (Z), semizuverlässig (S) und unzuverlässig (U). Z stellt das Schild beim Hineingehen auf „besetzt" und beim Hinausgehen auf „frei". S stellt es beim Hineingehen auf „besetzt" und lässt es so beim Hinausgehen, U macht gar nix.

Steht das Schild auf „besetzt", gibt es dafür vier Möglichkeiten:

1. Die Toilette ist von einem Z besetzt.
2. Die Toilette ist von einem S besetzt.
3. Die Toilette ist von einem U besetzt und der letzte Benutzer, der kein U war, war ein S.
4. Die Toilette ist frei und der letzte Benutzer, der kein U war, war ein S.

Die Fälle 3. und 4. brauchen vielleicht ein bisschen Erklärung. Wenn im Moment ein U auf der Toilette sitzt, ist es egal, wie viele unmittelbare Vorgänger ebenfalls U waren. Die Frage ist bloß, ob der letzte nicht komplett unzuverlässige Toilettengänger ein S oder ein Z war.

War er ein Z, hat er das Schild ordnungsgemäß auf „frei"
gedreht, war er ein S, hat er es auf „besetzt" gelassen. Analog argumentiert man bei Möglichkeit 4.

Die Wahrscheinlichkeit, dass die Toilette tatsächlich
besetzt ist, beträgt $\frac{P_1+P_2+P_3}{P_1+P_2+P_3+P_4}$. Dabei sind die einzelnen
Wahrscheinlichkeiten

- $P_1 = 1/2 \cdot 1/3 = 1/6$ (Wahrscheinlichkeit, dass besetzt ist,
  mal Wahrscheinlichkeit, dass der Toilettengänger Z ist),
- $P_2 = 1/2 \cdot 1/3 = 1/6$ (Wahrscheinlichkeit, dass besetzt ist,
  mal Wahrscheinlichkeit, dass der Toilettengänger S ist),
- $P_3 = 1/2 \cdot 1/3 \cdot 1/2 = 1/12$ (Wahrscheinlichkeit, dass
  besetzt ist, mal Wahrscheinlichkeit, dass der Toilettengänger U ist, mal Wahrscheinlichkeit, dass der letzte
  Nicht-U-Toilettengänger S war),
- $P_4 = 1/2 \cdot 1/2 = 1/4$ (Wahrscheinlichkeit, dass frei
  ist, mal Wahrscheinlichkeit, dass der letzte Nicht-U-
  Toilettengänger S war).

Also ist

$$\frac{P_1 + P_2 + P_3}{P_1 + P_2 + P_3 + P_4} = \frac{5/12}{2/3} = \frac{5}{8} = 62{,}5\,\%$$

die Wahrscheinlichkeit, dass das Schild „besetzt" sagt und
die Toilette auch wirklich besetzt ist. Immerhin sind das
mehr als 50 %.

Wenn das Schild „besetzt" zeigt, gibt es nur zwei
Möglichkeiten:

1. Die Toilette ist frei und der letzte Benutzer, der kein U
   war, war ein Z (denn ein S hätte auf „besetzt" gedreht
   und wäre nach dem Geschäft verschwunden).
2. Die Toilette ist von einem U besetzt und der letzte
   Benutzer, der kein U war, war ein Z.

Die Wahrscheinlichkeit, dass die Toilette tatsächlich frei ist, beträgt einfach $\frac{P_5}{P_5+P_6}$. Dabei sind

- $P_5 = 1/2 \cdot 1/2 = 1/4$ (Wahrscheinlichkeit, dass frei ist, mal Wahrscheinlichkeit, dass der letzte Nicht-U-Toilettengänger Z war),
- $P_6 = 1/2 \cdot 1/3 \cdot 1/2 = 1/12$ (Wahrscheinlichkeit, dass frei ist, mal Wahrscheinlichkeit, dass der Toilettengänger U ist, mal Wahrscheinlichkeit, dass der letzte Nicht-U-Toilettengänger Z war).

Wir erhalten

$$\frac{P_5}{P_5 + P_6} = \frac{1/4}{1/3} = \frac{3}{4} = 75\,\%$$

als Wahrscheinlichkeit, dass das Schild „frei" sagt und die Toilette auch wirklich frei ist. Schon vertrauenswürdiger.

Zu guter Letzt: In 2/3 der Fälle[1] (bzw. in der Summe 2/3 des Tages) steht das Schild auf „besetzt", wohingegen es in 1/3 der Fälle[2] (bzw. in der Summe 1/3 des Tages) „frei" anzeigt. Und das, obwohl die Toilette tatsächlich den halben Tag lang besetzt ist.

Dauert's noch lange?

---

[1]Das ist die Summe (1) + (2) + (3) + (4).
[2]die Summe (5) + (6).

Die Mathematik der Flugsicherheit

Übersicht

Rätslerland baut seinen ersten Airport und gründet seine eigene nationale Luftflotte. Sicherheit ist von höchster Bedeutung, weswegen die zuständigen Ingenieure sich an Sie, die Statistikministerin, wenden, um in einer entscheidenden Angelegenheit Rat zu erhalten. Konkret haben sie zwei Fragen:

1. Wenn ein viermotoriges Flugzeug beim Start abstürzt, sofern drei seiner vier Triebwerke zugleich ausfallen, und ein zweimotoriges dann, wenn seine beiden Triebwerke gleichzeitig versagen, ist dann eine viermotorige Maschine immer sicherer als eine zweimotorige?
2. Wie muss die Ausfallwahrscheinlichkeit eines Triebwerks sein, damit ein viermotoriges Flugzeug sicherer ist als ein zweimotoriges?

eingesandt von Philip Schall

© Der/die Herausgeber bzw. der/die Autor(en), exklusiv lizenziert durch Springer-Verlag GmbH, DE, ein Teil von Springer Nature 2020
O. Roeder, *Fantastische Rätsel und wie Sie sie lösen können*,
https://doi.org/10.1007/978-3-662-61728-1_27

Lösung

Dies sollten Sie den Ingenieuren antworten:

1. Nein, nicht notwendigerweise! Dieses etwas kontra-intuitive Resultat lässt sich mit einem simplen Gegenbeispiel beweisen. Nehmen Sie an, dass die Wahrscheinlichkeit eines einzelnen Triebwerkausfalls 0,5 ist. Die viermotorige Maschine crasht, wenn drei von vier Triebwerken ausfallen, die zweimotorige, wenn zwei von zwei Triebwerken versagen. Wie sehen die Wahrscheinlichkeiten in diesem Fall aus?

   Die Absturzwahrscheinlichkeit einer viermotorigen Maschine ist gegeben durch die Zahl der Möglich-keiten, wie drei Triebwerke ausfallen können, mal die Wahrscheinlichkeit, dass drei ausfallen, plus die Zahl der Möglichkeiten, wie vier Triebwerke ausfallen können, mal die Wahrscheinlichkeit, dass vier ausfallen. Mathematisch sieht das so aus:

$$P_{\text{Absturz, 4er}} = \binom{4}{3} 0{,}5^3 (1 - 0{,}5) + \binom{4}{4} 0{,}5^4 = 0{,}3125.$$

   Dementsprechend gilt für die Absturzwahrscheinlich-keit des zweimotorigen Flugzeugs

$$P_{\text{Absturz, 2er}} = \binom{2}{2} 0{,}5^2 = 0{,}25.$$

   Eine viermotorige Maschine stünde in diesem Fall tat-sächlich dem Desaster näher als eine zweimotorige.

2. Wir suchen die Fälle, in denen die viermotorige Maschine sicherer ist, also wenn

$$P_{\text{Absturz, 4er}} \leq P_{\text{Absturz, 2er}}$$

Statt 0,5 setzen wir jetzt k als unbekannte Einzeltrieb-werkausfallswahrscheinlichkeit und erhalten

$$\binom{4}{3} k^3 (1 - k) + \binom{4}{4} k^4 \leq \binom{2}{2} k^2$$
$$\Rightarrow 4k^3 - 3k^4 \leq k^2$$
$$\Rightarrow k \leq 1/3.$$

Wann immer also die Ausfallwahrscheinlichkeit eines einzelnen Triebwerks kleiner oder gleich 1/3 ist (und das wollen wir doch stark hoffen, dass sie das ist!), sollten die Ingenieure sich für eine größere Maschine mit vier Hauptantrieben entscheiden.

Sie sind ein böses, körperloses Gehirn

Übersicht

Sie sind ein böses, körperloses Gehirn. Zusammen mit Ihren beiden Kollegen (man kennt Sie auch als „die drei Gehirne") werden Sie verhaftet unter der Anklage, böse, illegale Hirnsachen gemacht zu haben. Doch Ihre Häscher langweilen sich, deswegen bieten sie Ihnen ein Spiel an, mit dem Sie freikommen können. (Was immer Sie als körperloses Gehirn mit dieser Freiheit dann anfangen wollen.)

Sie alle drei schweben in jeweils einem mit Flüssigkeit gefüllten Behälter. Auf die Deckel der drei Behälter platzieren die Häscher Hüte, die entweder rot oder blau sind. Welche Hutfarbe auf welchen Deckel kommt, entscheiden die Häscher zufällig mit gleichen Wahrscheinlichkeiten. Wie das Leben so spielt, sehen Sie nur die Hüte auf den Behältern Ihrer Kollegen, nicht aber Ihren eigenen (den Kollegen geht es natürlich genauso). Exakt 10 s nach Platzieren der Hüte werden Sie und Ihre Kollegen gezwungen (die Häscher könnten schlimme Dinge mit Ihren Behältern anstellen!), auf die Frage nach Ihrer

© Der/die Herausgeber bzw. der/die Autor(en), exklusiv lizenziert durch Springer-Verlag GmbH, DE, ein Teil von Springer Nature 2020
O. Roeder, *Fantastische Rätsel und wie Sie sie lösen können*,
https://doi.org/10.1007/978-3-662-61728-1_28

eigenen Hutfarbe zu antworten. Sie haben drei Möglichkeiten:

1. „rot" sagen,
2. „blau" sagen,
3. „passe" sagen.

Damit Sie alle freikommen, muss mindestens ein Gehirn
eine Farbe als Antwort nennen, und alle Gehirne, die eine
Farbe nennen, müssen die richtige Farbe erraten haben.
Da Sie alle drei böse, körperlose Gehirne sind, denken
Sie natürlich alle drei mit perfekter Logik. Sie dürfen
jedoch zu keiner Zeit in irgendeiner Form untereinander
kommunizieren.
   Was ist die optimale Strategie? Wie groß ist die Wahrscheinlichkeit, dass Sie freikommen?

eingesandt von Tyler Barron

Lösung

Es gibt zwei mögliche Hutarrangements: Entweder haben
alle Hirnbehälter gleichfarbige Hüte auf (rot-rot-rot oder
blau-blau-blau). Beide gleichfarbigen Fälle haben die
Wahrscheinlichkeit 1/8, also tritt eines von beiden mit
der Wahrscheinlichkeit 1/4 auf. Andernfalls gibt es einen
roten und zwei blaue oder zwei blaue und einen roten
Hut. Dies tritt in 3/4 aller Fälle auf.

Logischerweise werfen Sie sich auf die zweite Möglichkeit. Wenn also Ihre beiden Kollegen gleichfarbige Hüte
auf ihren Behälterdeckeln haben, tippen Sie auf die andere
Farbe. Wenn nicht, passen Sie.

Damit kommen Sie in 3/4 aller Fälle frei, denn bei
verschiedenfarbigen Hüten wird immer ein Hirn richtig
raten, und die anderen beiden werden passen. Haben alle
drei Hüte die gleiche Farbe, haben Sie eben Pech gehabt.

Sollten Sie Freiwürfe wie Ihre Oma von unten werfen?

Übersicht

Ist ein männlicher Basketballspieler ein richtiger Mann (und welcher männliche Basketballspieler wäre das nicht gern?), so wirft er seine Freiwürfe in einer eleganten Bewegung mit einer nach oben gleitenden Hand und gibt dem Ball mit den Fingerspitzen den letzten entscheidenden Drall. Nur sehr wenige Spieler werfen einen Freiwurf so wie Ihre Oma oder der 1944 geborene NBA-Star Rick Barry mit beiden Händen von unten. Dieser Underarm Free Throw oder Granny Throw (d. h. Oma-Wurf) ist hochgradig verpönt – Superstar Shaquille O'Neil sagte einmal zu Rick Barry: „Ich werfe lieber 0 %, ich bin zu cool dafür". Und das, obwohl vor einigen Jahren eine wissenschaftliche Studie bewiesen haben will, dass der Granny Throw eine höhere Erfolgsquote besitzt als die elegante konventionelle Wurftechnik.[1] Die physikalischen Argumente

---

[1]Anm. d. Übers.: Dies weiß natürlich jede/r amerikanische Leser/in, im deutschen Sprachraum brauchen wir da etwas Nachhilfe. Aber auch hier gilt der Underarm-Throw nicht viel.

O. Roeder, *Fantastische Rätsel und wie Sie sie lösen können*,
https://doi.org/10.1007/978-3-662-61728-1_29

dafür sind, dass es weniger bewegliche Teile gibt, Ellbogen und Handgelenke stabiler bleiben und der Wurf insgesamt symmetrischer erfolgt, weil in der Regel die beiden Arme eines Menschen gleich lang sind. Lassen Sie uns das Ganze einmal vom mathematischen Standpunkt aus untersuchen.

Betrachten Sie das folgende vereinfachte Modell eines Basketball-Freiwurfs. Der Rand des Korbs sei ein Kreis namens C, der den Radius 1 hat und dessen Mittelpunkt sich über dem Ursprung mit der Koordinate (0; 0) befindet. Das Ziel ist, einen Wurf innerhalb dieses Kreises unterzubringen. Jeder Wurf landet auf einem Punkt V irgendwo auf der Sporthallenebene, dieser Punkt hat die Koordinaten (X; Y). Diese sind unabhängige normalverteilte Zufallsvariablen mit Erwartungswert 0 und gleichen Varianzen. Mit anderen Worten: Sie werfen im Schnitt schon genau in die Mitte des Korbs, aber es gibt zufällige Abweichungen, die in alle Richtungen gleich wahrscheinlich auftreten und nach außen hin unwahrscheinlicher werden. Schließlich nehmen wir an, dass die Varianz von X und Y so groß ist, dass V mit einer Wahrscheinlichkeit von exakt 75 % innerhalb von C landet. (Dies ist in etwa der Mittelwert, den NBA-Profis bei ihren Freiwürfen erreichen.)

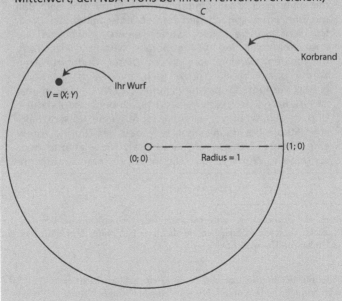

Nehmen wir nun an, dass Sie zum Oma-Wurf über-
gehen, der in diesem Universum die Varianz in
Rechts-links-Richtung eliminiert. Mit welcher Wahrscheinlichkeit treffen Sie jetzt in den Korb? (Mit anderen Worten:
Berechnen Sie die Wahrscheinlichkeit für $|\gamma| < 1$.)

eingesandt von Po-Shen Loh

Lösung

Die Wahrscheinlichkeit für einen erfolgreichen
Oma-Freiwurf liegt bei etwa 90,4 %. Mit folgendem Trick
können Sie sich die Situation vereinfachen: Anstatt den
Korbradius als fix gegeben anzunehmen, setzen Sie die
Varianz Ihres Wurfes auf exakt 1. Sie suchen also nicht die
Varianz, bei der Sie eine Trefferquote von 75 % erreichen,
sondern den Korbradius, innerhalb dessen Sie mit Wurf-
varianz 1 im Mittel 3/4 Ihrer Bälle unterbringen. Es
kommt letztlich aufs Gleiche raus, lässt sich aber einfacher
rechnen.

Die Lösung erfordert ein paar statistische und geometrische Detailkenntnisse. Die Kreisgleichung lautet
$x^2 + y^2 \leq r^2$ (mit Radius r). Die Verteilung von $x^2 + y^2$
ist eine χ^2-Verteilung mit zwei Freiheitsgraden. (Die
Chi-Quadrat-Verteilung ist eine häufig benutzte Wahrscheinlichkeitsverteilung, die sich beim Aufaddieren von
zwei normalverteilten Zufallsvariablen ergibt.) Um den
Radius zu finden, können wir daher anwenden, was wir
über die χ^2-Verteilung gelernt (oder nachgelesen) haben,
und kommen auf die Gleichung

$$0{,}75 = 1 - e^{-r^2/2} \Rightarrow r \approx 1{,}665.$$

Mit noch mehr Statistikwissen finden wir damit

$$p = F(1{,}665) - F(-1{,}665),$$

wobei F die kumulierte Verteilungsfunktion einer standardnormalverteilten Zufallsvariablen ist. Die Lösung ist $p \approx 0{,}904$.

Das bedeutet, dass Sie als NBA-Star mit 75-%-Freiwurfquote bei der konventionellen Methode eine Trefferwahrscheinlichkeit von 90 % schaffen können, wenn Sie es übers Herz bringen, wie Ihre Oma zu werfen!

Wer klaut am meisten in der Stadt der Diebe?

Übersicht

In einer Stadt mit 1000 Haushalten gilt ein etwas seltsames Gesetz, um das Anhäufen übermäßigen Reichtums zu unterbinden. Am 1. Januar jedes Jahres beklaut jeder Haushalt einen zufällig ausgewählten anderen Haushalt und bekommt dadurch das gesamte dort angehäufte Vermögen. Die Reihenfolge, in welcher die Diebstähle geschehen, ist ebenfalls zufällig und wird in einer Lotterie bestimmt. (Beachten Sie, dass wenn zuerst Haushalt A Haushalt B ausraubt und dann C bei A vorbeischaut, A und B beide leer ausgehen und C das Vermögen von A und B gewonnen hat.)

Zwei Fragen stellen sich an diesem schicksalhaften Tag:

1. Mit welcher Wahrscheinlichkeit wird ein Haushalt an diesem Tag überhaupt nicht ausgeraubt?
2. Nehmen wir an, dass an Silvester alle Haushalte den gleichen Betrag von 100 € besessen hätten. Welcher Platz in der von der Lotterie bestimmten Reihenfolge

O. Roeder, *Fantastische Rätsel und wie Sie sie lösen können*, https://doi.org/10.1007/978-3-662-61728-1_30

hat das größte zu erwartende Vermögen am Ende des (Neujahrs-)Tages und wie viel wäre das dann?

eingesandt von Max Weinreich

Lösung

Ad 1. stellen wir fest, dass die Wahrscheinlichkeit, dass ein Haushalt gar nicht ausgeraubt wird, der Wahrscheinlichkeit entspricht, dass kein anderer Haushalt diesem einen Neujahrsbesuch abstattet. Jeder Räuberhaushalt kann 999 Haushalte besuchen (keiner ist so blöd, sich selbst zu beklauen). Also beträgt die Wahrscheinlichkeit, dass ein Räuber meinen Haushalt nicht beraubt, 998/999, denn es gibt 999 Optionen, von denen 998 „günstig" sind. Da dieses Ereignis bei allen 999 anderen Räubern eintreten muss (auch wir beklauen uns nicht selbst), beträgt die Wahrscheinlichkeit, am Neujahrstag nicht beraubt zu werden,

$$\left(\frac{998}{999}\right)^{999} \approx 36{,}77 \text{ \%.}$$

Würde die Stadtbevölkerung übrigens anwachsen, sagen wir auf ∞, würde diese Zahl gegen $1/e \approx 0{,}3679$ konvergieren.

Ad 2. ist die beste Position in der Lotterierangliste die letzte. Der Haushalt, der als letzter zum Zuge kommt, kommt im Mittel mit 137 € heraus.

Das klingt plausibel. Niemand beklaut den letzten der Lotterieliste, wenn dieser mit seiner Diebestour durch ist. Wie allerdings können wir das beweisen mit nichts als Stift, Papier und Wahrscheinlichkeitstheorie?

So: Jeder Haushalt erlebt eines der drei folgenden Dinge:

1. Er wird überhaupt nicht beklaut.
2. Er wird beklaut, nachdem er selbst an der Reihe war.
3. Er wird beklaut, bevor er dran kommt, aber nicht danach.

Die 1. Wahrscheinlichkeit haben wir schon berechnet, es sind knapp 37 %.

Die Wahrscheinlichkeit, dass der 2. Fall eintritt, beträgt für den n-ten Haushalt auf der Lotterieliste

$$P_{2.} = 1 - \left(\frac{998}{999}\right)^{1000-n}.$$

Die Argumentation ist ähnlich wie gerade eben. Die Wahrscheinlichkeit, nach dem eigenen Raubzug *nicht* selbst beraubt zu werden, beträgt $(998/999)^{1000-n}$, und der 2. Fall ist das Gegenereignis dazu.

Die Wahrscheinlichkeit für 3. ergibt sich auf ähnliche Weise zu

$$P_{3.} = \left[1 - \left(\frac{998}{999}\right)^{n-1}\right] \cdot \left(\frac{998}{999}\right)^{1000-n}.$$

Wenn 1. eintritt, kann ein Räuberhaushalt mit einem Ergebnis von 200 € rechnen – den eigenen 100 € und dem mittleren Vermögen in den übrigen Haushalten, das er bei seinem Raubzug nach Hause trägt. Geschieht 2., geht der Haushalt leer aus, denn er hat keine Gelegenheit mehr, noch selbst etwas zu ergattern, nachdem sein eigenes Haus leer geräumt wurde. Im 3. Fall wiederum kann der Haushalt einen Endstand von 100,10 € erwarten: die 0 €, die ihm geblieben sind,

nachdem er beraubt wurde, plus den Mittelwert von
100 000 €/999 ≈ 100,10 €, der sich in den von ihm
anschließend besuchten Haushalten befindet.

Um einen Erwartungswert für das Barvermögen eines
beliebigen Haushalts am Ende dieses ereignisreichen Tages
zu bekommen, multiplizieren wir diese Erwartungswerte
mit den zugehörigen Wahrscheinlichkeiten und addieren
alles zusammen (für den 2. Fall brauchen wir keinen
Summanden, da ist der Erwartungswert ja 0):

$$\left(\frac{998}{999}\right)^{999} \cdot 200\,€ + \left[1 - \left(\frac{998}{999}\right)^{n-1}\right]$$

$$\cdot \left(\frac{998}{999}\right)^{1000-n} \cdot 100,10\,€$$

Dieser Betrag steigt mit wachsendem n. Also ist es mehr
als ratsam, möglichst weit hinten in der Lotterieliste
zu sitzen. Setzen wir $n = 1000$ ein, erhalten wir einen
Erwartungswert von 136,83 €.

Wie lange wird dich dein Smartphone von deiner Familie fernhalten?

Übersicht

Du hast soeben dein letztes Weihnachtsgeschenk aus-
gepackt[1] – ein nagelneues Smartphone. Deine Schwester
hat dasselbe Modell bekommen. Sofort startet ihr die
Geräte und beginnt, wichtige Sachen im Internet zu
machen. Jede wichtige Sache dauert 1 bis 5 min (um genau
zu sein: exakt 1, 2, 3, 4 oder 5 min, jeweils mit gleicher
Wahrscheinlichkeit). Nach jeder wichtigen Sache folgt ein
kurzer Moment der Klarheit. In diesen raren Momenten
erinnert ihr euch, dass ihr zum festlichen Weihnachtsessen mit der Familie erwartet werdet. Außerdem habt ihr
beiden euch verabredet, dort gemeinsam zu erscheinen.
Du fragst in deinem klaren Moment also deine Schwester,
ob sie fertig zum Essen ist. Leider ist sie aber gerade
noch mit einer wichtigen Sache beschäftigt und braucht

---

[1]Anm. d. Übers.: Setzen Sie in Gedanken das religiös motivierte Geschenke-
Austausch-Fest Ihrer Wahl ein, einschließlich des Heiligen Kommerzes des
Atheismus.

© Der/die Herausgeber bzw. der/die Autor(en), exklusiv lizenziert 　　**115**
durch Springer-Verlag GmbH, DE, ein Teil von Springer Nature
2020
O. Roeder, *Fantastische Rätsel und wie Sie sie lösen können*,
https://doi.org/10.1007/978-3-662-61728-1_31

noch entsprechend Zeit, um sie abzuschließen. Dies gibt dir wiederum noch etwas Zeit, die du dir natürlich vertreibst, indem du eine wichtige Sache im Internet beginnst (die wieder 1, 2, 3, 4 oder 5 min braucht). Wenn deine Schwester dich währenddessen fragt, ob du jetzt auch fertig bist, bittest du sie um ein bisschen Zeit, damit du deine wichtige Sache abschließen kannst, und diese Zeit vertreibt sie sich natürlich dadurch, dass sie eine weitere wichtige Sache im Internet beginnt ...

Von dem Moment an, wo ihr beide alle eure Geschenke geöffnet habt – wie lange dauert es danach, bis ihr zum ersten Mal gleichzeitig mit der aktuellen wichtigen Sache im Internet fertig seid und gemeinsam zum (vermutlich schon kalten) Essen gehen könnt? (Wir können annehmen, dass die Momente der Klarheit so kurz sind, dass sie keine messbare Zeit beanspruchen.)

eingesandt von Olivia Walch

Lösung

Die Mathematik hinter dieser Aufgabe lässt sich leichter sehen, wenn wir die Situation etwas verallgemeinern – mit denselben Regeln, aber weniger Details. Nehmen wir an, du sitzt genau wie deine Schwester tatsächlich immer am Smartphone und ihr macht eine wichtige Sache im Internet nach der anderen. Die Sachen dauern jeweils 1, 2, 3, ..., n Minuten. Während ihr die Sachen macht, gibt es keine Gespräche oder sonstigen Aktivitäten (also ein typischer Donnerstagabend). Die (unendlich kurzen) Momente der Klarheit zwischen zwei Sachen gibt es immer noch, aber kein Weihnachtsessen mehr danach. Wenn ihr also jetzt gleichzeitig einen klaren Moment erlebt (ab und zu kommt das vor), geschieht nichts, und ihr macht einfach mit der nächsten wichtigen Sache weiter. Wir wollen diese raren synchronisierten Momente der Klarheit *Synchro-Punkte* nennen.

Die Antwort auf die eigentliche Fragestellung ist jetzt einfach die mittlere Zeit zwischen zwei Synchro-Punkten in dem allgemeineren Szenario. Um an diese ranzukommen, müssen wir die durchschnittliche Häufigkeit der Synchro-Punkte kennen, also die Zahl der Synchro-Punkte pro Minute (oder Tag ...). Die Wahrscheinlichkeit, dass in einer gegebenen Minute ein Synchro-Punkt liegt, ist die Wahrscheinlichkeit, dass ich in dieser Minute einen Moment der Klarheit habe, multipliziert mit der Wahrscheinlichkeit, dass meine Schwester in dieser Minute auch einen Moment der Klarheit hat.

Im allgemeinen Modell beträgt die mittlere Zeit zwischen zwei Synchro-Punkten $(n+1)/2$. Das ist einfach der Mittelwert aller ganzen Zahlen zwischen 1 und n. Dann ist die Wahrscheinlichkeit, dass ich in einer gegebenen Minute einen klaren Moment habe, der Kehrwert davon, d. h. $2/(n+1)$. Das Gleiche gilt für meine Schwester. (Generell ist die Frequenz immer der Kehrwert der Periodenlänge. Anders ausgedrückt, je länger die mittlere Zeit zwischen zwei klaren Momenten, also je niedriger deren Frequenz ist, desto kleiner ist die Wahrscheinlichkeit, dass in einer gegebenen Minute ein Synchro-Punkt liegt.) Da meine klaren Momente und die meiner Schwester unabhängige Ereignisse sind, können wir die Wahrscheinlichkeiten einfach multiplizieren und erhalten als Synchro-Punkt-Frequenz

$$\left(\frac{2}{n+1}\right)^2 = \frac{4}{(n+1)^2}.$$

Mit einer mittleren Häufigkeit von $4/(n+1)^2$ Synchro-Punkten pro Minute ist die mittlere Zeit zwischen zwei Synchro-Punkten der Kehrwert davon und damit $(n+1)^2/4$. Jetzt ist es so weit, dass wir zurück zur ursprünglichen Aufgabe wechseln können. Mit $n=5$

erhalten wir eine mittlere Wartezeit (für die restliche Familie!) von $(5+1)^2/4 = 9\,\text{min}$. Vielleicht ist das Essen doch noch warm.

Leider ist aber eine deutlich realistischere obere Schranke für die Dauer von „schnellen wichtigen Sachen im Internet" heutzutage eher 15 min. Dies bedeutet dann, dass die mittlere Wartezeit auf den nächsten Synchro-Punkt 64 min beträgt, was sich mit der Erfahrung repräsentativer Familienangehöriger deckt.

Sorry, Familie.

Wie lange brauchen Sie, diese Bälle anzumalen?

Übersicht

Sie spielen ein Spiel mit vier Bällen: Einer ist rot, einer blau, einer grün und einer gelb. Sie werden in eine Kiste gesteckt. (Die Bälle, nicht Sie.) Als Nächstes ziehen Sie zufällig einen Ball aus der Kiste und notieren sich seine Farbe. Ohne den ersten Ball zurückzulegen, ziehen Sie einen zweiten und malen ihn so an, dass seine Farbe der des ersten entspricht. Dann kommen beide Bälle zurück in die Kiste, und Sie beginnen von vorn. Das Spiel endet, wenn alle vier Bälle die gleiche Farbe haben. Wie viele Spielrunden erwarten Sie, bis das Spiel zu Ende ist?

eingesandt von Dan Waterbury

Lösung

Es braucht im Schnitt neun Runden.

Zu jedem Zeitpunkt während des Spieles gibt es fünf mögliche Farbverteilungen für die vier Bälle in der

O. Roeder, *Fantastische Rätsel und wie Sie sie lösen können*, https://doi.org/10.1007/978-3-662-61728-1_32

Box: ABCD, AABC, AABB, AAAB und AAAA. (Wir interessieren uns nicht für die einzelnen Farben, sondern nur dafür, ob sie unterschiedlich sind oder nicht. Deshalb können *A, B, C* und *D* für jeweils eine beliebige, von den anderen verschiedene Farbe stehen.) In der nächsten Runde ziehen wir z. B. eine Kugel mit Farbe *A* und danach eine *B*-Kugel, die wir regelgerecht mit Farbe *A* übermalen. Oder wir ziehen erst *C* und malen dann eine *A*-Kugel mit Farbe *C* an usw. Wenn wir nun mit vier unterschiedlich gefärbten Kugeln, also *ABCD* beginnen, haben wir nach der ersten Runde auf jeden Fall *AABC*.

Aber wie lösen wir das Problem tatsächlich mathematisch? Eine Option ist es, ein Gleichungssystem aufzustellen. Eine Variable soll die zu erwartende Rundenzahl darstellen, um von einer gegebenen Ausgangskonstellation zum erwünschten einfarbigen Zustand zu kommen. Wenn in der Kiste z. B. Bälle mit den Farben *AAAB* liegen, landen wir mit Wahrscheinlichkeit 1/4 im Ziel (erst *A,* dann *B* gezogen), mit Wahrscheinlichkeit 1/2 wiederum bei *AAAB* (*A* und *A*) und mit Wahrscheinlichkeit 1/4 bei *AABB* (*B,* dann *A*). Dies lässt sich so notieren (wegen *AAAA* = 0 brauchen wir dafür keinen Summanden):

$$AAAB = 1 + \frac{1}{2} \cdot AAAB + \frac{1}{4} \cdot AABB.$$

Haben wir *AABB* in der Box, bekommen wir jeweils mit der Wahrscheinlichkeit 1/3 wieder AABB, *AAAB* oder *ABBB*. Allerdings sind für uns *AAAB* und *ABBB* äquivalent, also schreiben wir:

$$AABB = 1 + \frac{1}{3} \cdot AABB + \frac{2}{3} \cdot AAAB.$$

Weiterhin bekommen wir

$$AABC = 1 + \frac{1}{2} \cdot AABC + \frac{1}{6} \cdot AABB + \frac{1}{3} \cdot AAAB$$

und

$$ABCD = 1 + AABC.$$

Jetzt müssen Sie nur noch das Gleichungssystem untereinanderschreiben und lösen bzw. in Ihre bevorzugte Software eingeben. Das Ergebnis ist so oder so $ABCD = 9$.

Iss mehr Vitamine – garniert mit Mathematik

Übersicht

Sie essen jeden Morgen eine halbe Vitamintablette. Genauer gesagt haben Sie ein Fläschchen mit 100 (ganzen) Tabletten gekauft, die Sie daher erst einmal halbieren müssen. Jeden Morgen ziehen Sie also zufällig ein Stück aus dem Fläschchen – wenn es eine ganze Tablette ist, halbieren Sie sie, schlucken eine Hälfte und stecken die andere Hälfte zurück ins Fläschchen. Haben Sie eine bereits halbierte Tablette herausgefingert, schlucken Sie diese, ohne weitere Anstalten zu machen.

Gestern Abend haben Sie ein neues Fläschchen erworben. Wie lange wird es im Mittel dauern, bis Sie die erste halbierte Tablette herausholen?

eingesandt von Alex Vornsand

© Der/die Herausgeber bzw. der/die Autor(en), exklusiv lizenziert durch Springer-Verlag GmbH, DE, ein Teil von Springer Nature 2020
O. Roeder, *Fantastische Rätsel und wie Sie sie lösen können*,
https://doi.org/10.1007/978-3-662-61728-1_33

Lösung

Einschließlich des Tages, an dem Sie die erste halbe Tablette ziehen, wird es im Mittel 13,2 Tage bis dahin dauern.

Um die Sache übersichtlicher zu machen, gehen wir Tag für Tag vor. Am ersten Tag enthält das Fläschchen 100 ganze und 0 halbe Tabletten. Am zweiten Tag gibt es 99 ganze Tabletten und eine halbe, also ziehen Sie mit der Wahrscheinlichkeit 1/100 am zweiten Tag eine halbe Tablette. Tun Sie das nicht, sind am dritten Tag 98 ganze und eine halbe Tablette im Fläschchen. Sie ziehen dann mit der Wahrscheinlichkeit $\frac{99}{100} \cdot \frac{2}{100}$ eine halbe Tablette (am ersten Tag eine ganze gezogen mal am zweiten Tag eine halbe). Haben Sie am dritten Tag wieder eine ganze erwischt, sind am vierten Tag 97 ganze und eine halbe im Fläschchen, und Sie ziehen mit der Wahrscheinlichkeit $\frac{99}{100} \cdot \frac{98}{100} \cdot \frac{3}{100}$ die erste halbe Tablette am vierten Tag. Entsprechend erhalten Sie am fünften Tag die Wahrscheinlichkeit $\frac{99}{100} \cdot \frac{98}{100} \cdot \frac{97}{100} \cdot \frac{4}{100}$ usw. Sie erkennen wahrscheinlich das Muster, es ist natürlich nicht ganz einfach, es auch mathematisch präzise einzufangen. Was wir brauchen, ist eine Formel, welche für jeden Tag diese Wahrscheinlichkeit mit der Tageszahl (dies ist die zu erwartende Wartezeit) multipliziert. Eine Möglichkeit dafür ist der folgende Ausdruck:

$$\sum_{n=2}^{100} \frac{99!}{[99 - (n-2)]!} \cdot \frac{n(n-1)}{100^{n-1}} \approx 13{,}2.$$

Das sieht immer noch ein bisschen unübersichtlich aus, aber wenn Sie die ersten Werte für n einsetzen, merken Sie, wie die Formel funktioniert und wie sie die oben beschriebenen Situationen in den ersten Tagen abbildet.

Mit $n = 2$ (der erste Tag, an dem Sie eine halbe Tablette ziehen können) haben Sie die Wahrscheinlichkeit $1/100$ und die Formel liefert auch wirklich $2/100$. Für $n = 3$ liefert der Ausdruck $3 \cdot \frac{99}{100} \cdot \frac{2}{100}$, auch dies ist Tageszahl mal die oben berechnete Wahrscheinlichkeit. Und so weiter und so fort. Wir haben einen Ausdruck für die Antwort auf unser Problem!

Den Ausdruck zu vereinfachen und auszuwerten überlassen Sie am besten einer guten Computer-Algebra-Software, es sei denn, Ihre Vitamintabletten sind wesentlich wirksamer als meine …

Verwandelt der neurotische Basketballer seinen nächsten Freiwurf?

Übersicht

Ein Basketballspieler übt in der Trainingshalle Freiwürfe. Der erste sitzt, der zweite geht daneben. Leider schlägt ihm so etwas immer ziemlich aufs Gemüt, also ist das keine gute Nachricht. Etwas präziser ausgedrückt, ist die Wahrscheinlichkeit, dass er seinen nächsten Freiwurf in den Korb setzt, gleich der relativen Häufigkeit aller bisher erfolgreich geworfenen Bälle. (Seine Neurose ist sehr gut getroffen.) Der Trainer, der um seine speziellen Eigenschaften weiß und die ersten beiden Würfe gesehen hat, verlässt die Halle, sodass er die nächsten 96 Freiwürfe verpasst. Als der Trainer zurückkommt, sieht er gerade, wie der 99. Wurf sicher im Korb landet. Wie wahrscheinlich ist es aus Sicht des Trainers, dass der Spieler beim 100. Freiwurf ebenfalls erfolgreich ist?

eingesandt von Mike Donner

O. Roeder, *Fantastische Rätsel und wie Sie sie lösen können,*
https://doi.org/10.1007/978-3-662-61728-1_34

Lösung

Die richtige Antwort ist 2/3, also 66,666... %. Das ist intuitiv klar: Der Trainer hat drei Würfe gesehen, von denen zwei getroffen haben, also ist es nur wahrscheinlich, dass beim nächsten Wurf die Erfolgschancen 2:1 stehen. Die Intuition irrt in diesem Fall nicht. Was folgt, ist eine längere und strenge Beweisführung.

Es sei $H(n)$ die Zahl der gelungenen Freiwürfe („Hits") nach n Versuchen. In Anbetracht der besonderen Situation unseres Spielers (Erfolgswahrscheinlichkeit des nächsten Wurfes gleich relative Häufigkeit der bisherigen Erfolge) wissen wir, dass die Wahrscheinlichkeit für einen erfolgreichen 100. Wurf $H(99)/99$ beträgt. Und weil der Trainer gesehen hat, dass Wurf 99 im Korb war, ist dies gleich $[H(98) + 1]/99$.

Um an die Wahrscheinlichkeitsverteilung von $H(98)$ zu kommen, können wir den Satz von Bayes ins Spiel bringen. Dieser berühmte Satz, den der Mathematiker, Statistiker, Philosoph und Pfarrer Thomas Bayes im 18. Jahrhundert aufgestellt hat, beschreibt die Wahrscheinlichkeit eines Ereignisses unter der Bedingung, dass andere Ereignisse vorher eingetreten sind – bzw. dass wir von diesen anderen Ereignissen Kenntnis haben. In diesem Fall wären die anderen Ereignisse die Würfe #3 bis #98.

Mathematisch geht es hier um die bedingte Wahrscheinlichkeit $P(A|B)$, dass A geschieht unter der Bedingung, dass B bereits eingetreten ist (und wir das auch wissen). Nach dem Satz von Bayes ist dies gleich der Wahrscheinlichkeit, dass B passiert, wenn A geschehen ist, mal das Verhältnis der Wahrscheinlichkeiten von A und B:

$$P(A|B) = \frac{P(A)}{P(B)} P(B|A).$$

Zurück zum Freiwurftraining. Die Wahrscheinlichkeit, dass $H(98) = m$ mit $1 \leq m \leq 97$ ist, sofern #99 ein Treffer ist, ist gleich der Wahrscheinlichkeit, dass #99 trifft, sofern $H(98) = m$ ist, mal das Verhältnis aus der Wahrscheinlichkeit, dass $H(98) = m$ ist (ohne weitere Bedingungen), und der Wahrscheinlichkeit, dass #99 trifft (auch ohne weitere Bedingungen). So sieht der Satz von Bayes bei der Arbeit aus:

$$P(H(98) = m | \#99 \text{ trifft}) = \frac{P(\#99 \text{ trifft} | H(98) = m)P(H(98) = m)}{P(\#99 \text{ trifft})}.$$

Weiterhin können wir beweisen, dass für alle $N \geq 3$ (eine sinnvoll große Gesamtanzahl von Würfen) und für $1 \leq H$, $m \leq N - 1$ (die mögliche Zahl der Treffer) die Beziehung

$$P(H(N) = m) = \frac{1}{N - 1}$$

gilt. Mit anderen Worten: Die Wahrscheinlichkeit, dass unser Basketballer in N Versuchen m-mal trifft, ist der Kehrwert der um 1 verminderten Zahl der Versuche.

Im Fall $N = 3$ ist trivialerweise $P(H(3) = 1) = P(H(3) = 2) = 1/2$. Es ist also gleich wahrscheinlich, bei drei Würfen einen oder zwei Treffer zu schaffen, die Wahrscheinlichkeit beträgt jeweils 1/2. Anders ausgedrückt, der Spieler wird in drei Würfen mit gleicher Wahrscheinlichkeit den dritten Wurf treffen oder daneben werfen.

Für $N > 3$ ist die Wahrscheinlichkeit, dass H Freiwürfe gesessen haben, gleich der Wahrscheinlichkeit, mit bisher $H - 1$ Treffern den Ball im Korb zu versenken, plus die Wahrscheinlichkeit, mit bisher H Treffern vorbei zu zielen:

$$P(H(N+1) = m) = \frac{m}{N} \cdot P(H(N1)$$

$$= m - 1) + \left[1 + \frac{m+1}{N}\right] \cdot P(H(N) = m)$$

$$= \frac{m}{N} \cdot \frac{1}{N-1} + \frac{1}{N-1} - \frac{m}{N \cdot (N-1)}$$

$$= \frac{1}{N}$$

Dies bedeutet, dass nach Wurf #98 alle Gesamttreffer-zahlen zwischen 1 und 97 gleich wahrscheinlich sind, nämlich 1/97. (Daraus folgt auch, dass es egal ist, wie viele Treffer es gab, während der Trainer draußen war – die richtige Antwort wäre immer die gleiche.)

Da alle Trefferzahlen gleich wahrscheinlich sind, ergibt sich die Trefferwahrscheinlichkeit bei Wurf #99 als gewichtete Summe der Einzelwahrscheinlichkeiten:

$$\sum_{i=1}^{97} \frac{1}{97} \cdot \frac{i}{98} = \frac{1}{97} \cdot \frac{1}{2} \cdot \frac{1}{97} \cdot \frac{98}{98} = \frac{1}{2}.$$

Ein letztes Mal zurück zum Satz von Bayes:

$$P(H(98) = m|\#99 \text{ trifft}) = \frac{\frac{m}{98} \cdot \frac{1}{97}}{\frac{1}{2}}$$

$$= \frac{2m}{97 \cdot 98}.$$

Die Wahrscheinlichkeit, dass Freiwurf #100 im Korb landet, können wir jetzt als gewichtete Summe aller Wahr-scheinlichkeiten berechnen, dass H eine gegebene Zahl ist und der Basketballer den Wurf trifft, H vorausgesetzt:

$$P(\#100 \text{ trifft} | \#99 \text{ trifft}) = \sum_{i=1}^{97} \frac{2i}{97 \cdot 98} \cdot \frac{i+1}{99}$$

$$= \frac{2}{97 \cdot 98 \cdot 99} \cdot \sum_{i=1}^{97} i^2 + \sum_{i=1}^{97} i$$

$$= \frac{2}{97 \cdot 98 \cdot 99} \cdot \left(\frac{1}{6} \cdot 97 \cdot 98 \cdot 195 + \frac{1}{2} \cdot 97 \cdot 98 \right)$$

$$= \frac{1}{99} \cdot \left(\frac{1}{3} \cdot 195 + 1 \right)$$

$$= \frac{2}{3}$$

Wird der Springer nach Hause springen?

Übersicht

Ein Springer macht einen unendlich langen „Random Walk" auf einem unendlich großen Schachbrett. Etwas konkreter bewegt er sich in jedem Zug vom aktuellen Feld auf eines der acht in den Schachregeln[1] für Springer erlaubten Felder, jeweils mit der Wahrscheinlichkeit 1/8. Mit welcher Wahrscheinlichkeit befindet er sich nach 20 Zügen wieder auf dem Ausgangsfeld?

eingesandt von Jared Bronski

Lösung

Ziemlich unwahrscheinlich. Die Chancen stehen bei $\frac{7.158.206.751.686.848}{8^{20}}$, das sind etwa 0,006 bzw. 0,6 %.

---

[1]Ein Springer oder Pferd hüpft beim Schach pro Zug in eine Richtung zwei Felder weit und gleichzeitig ein Feld senkrecht dazu.

O. Roeder, *Fantastische Rätsel und wie Sie sie lösen können*,
https://doi.org/10.1007/978-3-662-61728-1_35

Es führen ein paar Wege zum Ziel, aber keiner davon ist besonders einfach. Eine direkte, aber mühsame Herangehensweise besteht darin, jeden Zug als ein Monom mit zwei Variablen O und R anzusehen, wobei „O" für „oben" und „R" für „rechts" steht. Beispielsweise bedeutet O^2R, dass der Springer zwei Felder nach oben und eins nach rechts springt. O^0R^0 bedeutet keine Bewegung, also den Zustand „zu Hause" bei Beginn des Spiels. Mit diesen Definitionen würden wir dann den Koeffizienten vor dem konstanten Glied O^0R^0 in dem folgenden Ausdruck ausrechnen:

$$\left(\frac{OR^2 + O^2R + O^2R^{-1} + OR^{-2} + O^{-1}R^{-2} + O^{-2}R^{-1} + O^{-2}R + O^{-1}R^2}{8} \right)^{20}.$$

Es gibt noch andere schicke Möglichkeiten, die Lösung zu berechnen. Mit einer Fourier-Reihe z. B. könnten Sie das obige konstante Glied mithilfe des folgenden Ausdrucks berechnen:

$$\frac{1}{4\pi^2} \int_0^{2\pi} \int_0^{2\pi} \left[\frac{\cos(x+2y) + \cos(2x+y) + \cos(x-2y) + \cos(2x-y)}{4} \right]^{20} dx dy.$$

Joseph Fourier (1768–1830) war ein französischer Mathematiker. Er ist vor allem bekannt für seine Methode, jede beliebige Funktion als eine Summe von einem (im Zweifelsfalle unendlich großen) Haufen Sinus- und/oder Kosinusfunktionen darzustellen. Daher die ganzen Kosinusse in der Formel. Die Fourier-Analyse spielt eine bedeutende Rolle bei der physikalischen Behandlung von Schall- und Lichtwellen, wie sie beim Echolot, im Tonstudio, in Radarfallen, Funkscannern und eigentlich sonst auch überall auftreten.

Alternativ könnten Sie natürlich auch gaanz viele Schachbretter zusammenkleben und gaanz oft einen Springer springen lassen. Sie würden am Ende einen richtig guten Näherungswert erhalten!

Können Sie die Alien-Invasion stoppen?

Übersicht

Eine Raumpatrouille[1] patrouilliert fortwährend um einen kugelförmigen Planeten, um ihn vor außerirdischen Invasoren[2] zu schützen, die seine Existenz bedrohen würden. Eines schicksalhaften Tages schrillen die Alarmsirenen: Zwei feindliche Aliens sind an je einer zufällig ausgewählten Stelle auf der Oberfläche des Planeten gelandet. Jeder von ihnen besitzt eine Hälfte einer Waffe, die – wieder zusammengesetzt – den Planeten augenblicklich zerstören würde. Die Aliens rasen über die Planetenoberfläche, um sich in der Mitte zwischen den Landestellen zu treffen und dort ihren tödlichen Auftrag zu Ende zu bringen. Die Raumpatrouille, die sich zu Beginn über einem dritten zufällig gewählten Ort auf der Planetenoberfläche

---

[1]Anm. d. Übers.: Ältere Leserinnen und Leser in Deutschland wissen: Es war die Orion VIII …

[2]Anm. d. Übers.: … und die Invasoren waren natürlich die Frogs.

© Der/die Herausgeber bzw. der/die Autor(en), exklusiv lizenziert durch Springer-Verlag GmbH, DE, ein Teil von Springer Nature 2020
O. Roeder, *Fantastische Rätsel und wie Sie sie lösen können*,
https://doi.org/10.1007/978-3-662-61728-1_36

137

befindet, entdeckt die beiden Landepositionen der Eindringlinge. Wenn die Patrouille den potenziellen Treffpunkt der Aliens vor diesen erreicht, ist der Anschlag vereitelt.

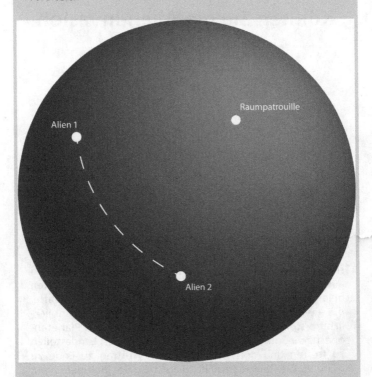

Die Aliens bewegen sich beide mit gleicher Geschwindigkeit. Wie wahrscheinlich ist es, dass die Raumpatrouille den Planeten rettet, wenn ihre Lineargeschwindigkeit 20-mal so groß ist wie die der Aliens?

eingesandt von Roberto Linares

Lösung

Wenn die Raumpatrouille 20-mal so schnell wie die Aliens ist, wird der Planet in ca. 99,27 % der Fälle gerettet. Puh.

Die einfachste Art, auf die Lösung zu kommen, ist, sich gedanklich an den potenziellen Treffpunkt der Aliens zu stellen. Die Patrouille fängt die Aliens dann und nur dann ab, wenn sie dort vor diesen eintrifft. Von dort kann sie dann nämlich in direkter Linie einem Alien entgegenrasen und diesem sein Todeswaffenteil abnehmen (diese Vereinfachung setzt voraus, dass die Patrouille schneller ist als die Aliens, andernfalls bräuchte es eine andere Strategie).

Wenn wir auf einer Kugeloberfläche zufällig zwei Punkte herauspicken, hat die Winkeldistanz θ eine Wahrscheinlichkeitsverteilung proportional zu $\sin \theta$. Wir nennen die anfängliche Winkeldistanz der Aliens vom Treffpunkt β. Ihr Winkelabstand ist 2β, also ist die Wahrscheinlichkeitsverteilung von β proportional zu $\sin 2\beta$. Entsprechend nennen wir die Winkeldistanz der Raumpatrouille vom Treffpunkt α, diese hat eine Wahrscheinlichkeitsverteilung proportional zu $\sin \alpha$.

Die gemeinsame Wahrscheinlichkeitsverteilung von α und β ist dann $P(\alpha, \beta) = k \cdot \sin 2\beta \cdot \sin \alpha$. Normalisieren (damit es eine reguläre Verteilung mit Integral 1 wird) führt auf $k = 1/2$. (Beachten Sie, dass per Konstruktion $0 < \alpha < \pi$ und $0 < \beta < \pi/2$.) Schließlich kommt die Patrouille rechtzeitig zum Treffpunkt, wenn ihre Winkeldistanz dorthin weniger als 20-mal größer als die der Aliens ist: $\alpha < 20\beta$. Integration über die Wahrscheinlichkeitsverteilung in der entsprechenden Region der $\alpha\beta$-Ebene ergibt eine Erfolgswahrscheinlichkeit von rund 99,27 %. Es ist nicht sehr schwer, dies auf andere Geschwindigkeitsverhältnisse zu übertragen. Hat die Patrouille das gleiche Tempo wie die Aliens, sinkt die Chance auf Rettung des Planeten auf 1/6. Ist sie doppelt so schnell, stehen die Chancen immerhin schon 50:50. Für 99 % muss sie 17,1-mal schneller sein, für 99,9 % 54,2-mal. Um eine 6σ-Sicherheit[3] zu bekommen, also 99,999.66 % Erfolgswahrscheinlichkeit, müsste sie 929,4-mal schneller als die Aliens sein.

---

[3]Anm. d. Übers.: Fragen Sie Ihre Nachbarin, die Experimentalphysikerin, was das ist.

Geometrie

Die ganze Methode besteht in der Ordnung und dem Arrangement der Dinge, denen sich der Geist zuwenden muss, damit wir etwas Wahrheit erkennen können.
– René Descartes

Tangram mit Tetris

Übersicht

Beim Computerspielklassiker Tetris können Sie unter gewissen Umständen nach den ersten fünf gespielten Steinen das Spielfeld komplett abgeräumt haben. Mit diesem Hintergrundwissen im Hinterkopf: Wie viele Arrangements von Tetris-Steinen (oder Tetrominos) lässt sich ein komplett gefülltes Rechteck bilden, das zwei Quadrate hoch und zehn Quadrate breit ist?

eingesandt von Bart Wright

Lösung

Es gibt 64 solche Anordnungen, die folgende Skizze listet sie auf.

O. Roeder, *Fantastische Rätsel und wie Sie sie lösen können*, https://doi.org/10.1007/978-3-662-61728-1_37

(Von hell nach dunkel sortiert, stehen die Farben in der Grafik für das 2 × 2-Quadrat, den 1 × 4-Balken und die beiden L-förmigen Teile.)

Es gibt übrigens ein hübsches Muster bei der Sache: Die Anzahl der Möglichkeiten, wie sich ein 2 × 2-Feld, ein 2 × 4-Feld, ein 2 × 6-Feld, ein 2 × 8-Feld usw. mit Tetris-Steinen ausfüllen lässt, ist durch die quadrierten Fibonacci-Zahlen gegeben – 1, 4, 9, 25, 64, 169, ... Математика – это весело.[1]

---

[1]Anm. d. Übers.: Mathematik – das ist lustig. Diese Übersetzung hat der Autor des Originals übrigens seinem Publikum vorenthalten ...

Können Sie den optimalen Kuchen backen?

Übersicht

Ein Mathematikprofessor, dessen Geburtstag ansteht, bittet seine Studierenden, ihm einen Kuchen zu backen. Er ist ziemlich eigen (sein Fachgebiet ist konstruktive Mengenlehre, das erklärt alles) und möchte deshalb eine dreischichtige Torte haben, die unter den hohlen Glaskegel passt, den er vor langer Zeit als Preis für den Beweis eines obskuren Theorems bekommen hat. Er verlangt zudem, dass der Kuchen das maximal mögliche Volumen unter dem Kegel ausfüllt, wobei die Ränder der drei Schichten jeweils exakt vertikal verlaufen sollen.

Wie hoch müssen die drei Schichten relativ zur Kegelhöhe sein? Welchen Prozentsatz des Kegelvolumens füllt der optimale Kuchen aus?

Die Grafik zeigt, wie sich die Kuchenbäckerinnen und -bäcker die Sache vorzustellen haben.

© Der/die Herausgeber bzw. der/die Autor(en), exklusiv lizenziert durch Springer-Verlag GmbH, DE, ein Teil von Springer Nature 2020
O. Roeder, *Fantastische Rätsel und wie Sie sie lösen können*, https://doi.org/10.1007/978-3-662-61728-1_38

Zusatzaufgabe: Wie sieht es bei einer *N*-Schicht-Torte aus?

eingesandt von Jim Crimmins

Lösung

Die größte Drei-Schicht-Torte, die unter den mathematischen Preiskegel passt, füllt etwa 70,2 % von dessen Volumen aus. Wenn der Kegel die Höhe 1 hat, sollte die unterste Schicht 0,162, die mittlere 0,182 und die oberste Schicht 0,219 Höheneinheiten hoch sein.

Es handelt sich hierbei um ein Optimierungsproblem mit Nebenbedingungen. Wir möchten das Kuchenvolumen maximieren (wer möchte das nicht?), und die Abmessungen des Glaskegels stellen dabei die Nebenbedingungen dar.

Wir nennen die Grundfläche des Kegels A und seine Höhe H. Das Kegelvolumen beträgt dann $V_K = A \cdot H/3$. Die Höhe der untersten Schicht sei a, die der mittleren

b und die der obersten c. Die Volumina der drei Torten-
schichten sind dann von unten nach oben

$$V_a = (1 - a)^2 A \cdot aH$$
$$V_b = (1 - a - b)^2 A \cdot bH$$
$$V_c = (1 - a - b - c)^2 A \cdot cH.$$

Machen wir eine Schicht dicker (z. B. mit einem
größeren Wert für a), sollten wir eigentlich mehr
Kuchen bekommen, aber wir reduzieren gleichzeitig den
Radius der Grundfläche dieser Schicht. Diese Fläche
geht quadratisch mit dem Radius (z. B. πr_a^2). Außerdem
müssen wir natürlich berücksichtigen, dass eine veränderte
Dicke einer Schicht auch die übrigen Schichtdicken beein-
flusst.

Das gesamte Tortenvolumen V_T ist die Summe der drei
Schichtvolumina. Wir wollen dessen Anteil am Kegelvolumen maximieren, also das Verhältnis $Q = V_T/V_K$, für
das

$$Q = \frac{V_T}{V_K}$$
$$= 3 \cdot \left[a(1 - a)^2 + b(1 - a - b)^2 + c(1 - a - b - c)^2 \right]$$

gilt. Und das ist noch nicht alles, wir wollen Q unter
der Nebenbedingung $a + b + c \leq 1$ maximieren – die
drei Schichten dürfen zusammen nicht höher als der
Kegel sein. Dies lösen Sie, indem Sie Ihre verschütteten
Erinnerungen an den Analysiskurs reaktivieren und insbesondere einige geeignete partielle Ableitungen gleich 0
setzen. Schon erhalten Sie die optimalen Höhen und das
optimale Volumen.

Bei der Zusatzaufgabe habe ich nach der N-Schicht-Torte gefragt. Wenn N gegen ∞ geht, wird Q sicherlich gegen 1 gehen – die Schichten werden unendlich dünn, und die Torte wird selbst zum Kegel. Auf dem Weg ins Unendliche wird die Mathematik allerdings ziemlich haarig, und ich kenne keine geschlossene Formel, welche das optimale Verhältnis für beliebig endliche N angeben würde. Aber mit zehn Schichten schaffen Sie auf jeden Fall schon mal fast 90 %.

Bon appétit!

Luchsen Sie Ihren Geschwistern ein Extrapizzastück ab?

Übersicht

Sie und Ihre beiden älteren Geschwister möchten zwei XL-Pizzen unter sich aufteilen und beschließen, die Schnitte auf eine ganz besondere Weise anzubringen. Sie legen die Pizzen so übereinander, dass der Rand der einen den Mittelpunkt der anderen berührt (und umgekehrt). Dann schneiden Sie beide Pizzen entlang der Fläche, auf der sie sich überlappen. Zwei von Ihnen bekommen die halbmondförmigen Stücke, einer die beiden linsenartigen Mittelstücke.

Für welches Stück würden Sie sich entscheiden – einen Halbmond oder die zwei Linsen?

© Der/die Herausgeber bzw. der/die Autor(en), exklusiv lizenziert durch Springer-Verlag GmbH, DE, ein Teil von Springer Nature 2020
O. Roeder, *Fantastische Rätsel und wie Sie sie lösen können,*
https://doi.org/10.1007/978-3-662-61728-1_39

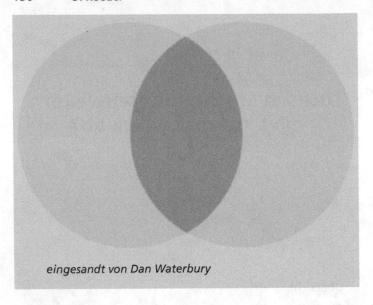

eingesandt von Dan Waterbury

Lösung

Sie bekommen mehr ab (und die Geschwister weniger!), wenn Sie die beiden linsenförmigen Teile nehmen.

Um zu zeigen, warum das so ist, beginnen wir mit der folgenden Figur in der Mitte der Pizzaskulptur:

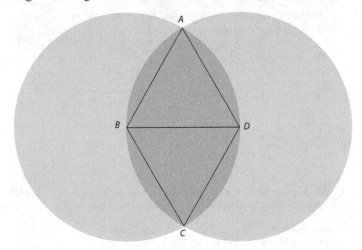

Die Seiten *AB, BC, CD, DA* und *BD* sind alle Radien von einer der beiden kreisförmigen und gleich großen Pizzen, also besteht die Figur in der Grafik aus den zwei gleichseitigen Dreiecken *ABD* und *CDB*. Damit sind die Winkel ∡*ABC* und ∡*ADC* jeweils $2 \cdot 60° = 120°$ groß. Dann macht das hypothetische Pizzastück, das vom linken Rand der linken Pizza sowie den Strecken *AB* und *BC* begrenzt wird, gerade 2/3 von einer Pizza aus (ihr Sektorwinkel 240° ist 2/3 des Vollwinkels). Dies wäre natürlich genau der faire Anteil, der bei einer gerechten (also nicht unbedingt geschwisterlichen) Aufteilung von zwei Pizzen auf drei Personen jeder und jedem zustünde. Da aber die halbmondförmigen Stücke kleiner als die hypothetischen 2/3-Stücke sind, müssen die beiden linsenförmigen Stückchen zusammen mehr als die fairen 2/3 einer Pizza ausmachen. Diesen Bonus haben Sie sich durch Mathematik verdient (bzw. ergaunert)!

Obwohl nicht danach gefragt war, können Sie natürlich auch die Flächen von Halbmonden und Linsen explizit ausrechnen. Wenn die beiden Pizzen der Einfachheit halber den Radius 1 haben, haben die beiden Linsen zusammen die Fläche $\frac{4\pi - 3\sqrt{3}}{3} \approx 2{,}46$ und jeder Halbmond allein die Fläche $\frac{2\pi + 3\sqrt{3}}{6} \approx 1{,}91$. Zusammen gibt das erfreulicherweise $2{,}4567\ldots + 2 \cdot 1{,}9132\ldots \approx 2\pi$.

Hmm, Πzza.

Die Quadratur des Quadrats

Übersicht

Sie bekommen ein Blatt Karopapier, das gerade so groß ist, dass es 13×13 kleine gleiche Einheitsquadrate enthält. Ihre Aufgabe ist es, dieses große Quadrat in kleinere aufzuteilen, wobei Sie nur entlang der geraden Begrenzungslinien schneiden dürfen. Was ist die kleinste Anzahl an quadratischen Stücken, in welche Sie das große Quadrat auf diese Weise zerschneiden können? (Sie könnten einfach in der Mitte ein 12×12-Quadrat herausnehmen und den Rahmen in 25 kleine Quadrätchen zerschnippeln. Das wären dann 26 Quadrate – das können Sie aber besser!) Beachten Sie dabei noch, dass Rechtecke als Teilstücke nicht erlaubt sind, das große Quadrat darf ausschließlich in quadratische Stückchen zerlegt werden.

© Der/die Herausgeber bzw. der/die Autor(en), exklusiv lizenziert durch Springer-Verlag GmbH, DE, ein Teil von Springer Nature 2020
O. Roeder, *Fantastische Rätsel und wie Sie sie lösen können*,
https://doi.org/10.1007/978-3-662-61728-1_40

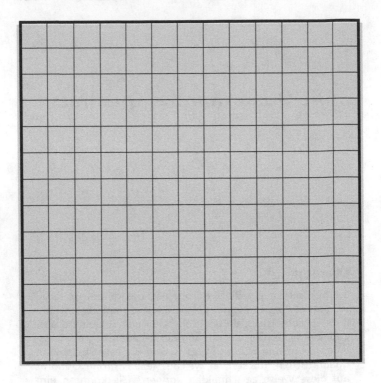

Lösung

Es ist nicht allzu schwer, eine Lösung mit zwölf Quadraten zu finden. Die kleinste mögliche Anzahl ist jedoch 11, und das sieht dann so aus:

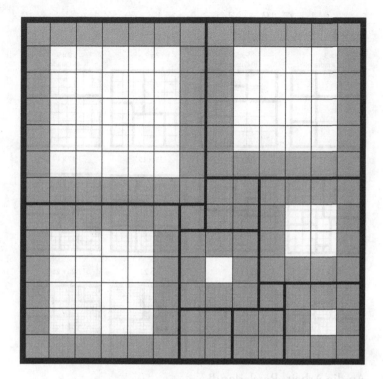

Etwas allgemeiner gesprochen handelt es sich hier um ein klassisches Problem der Unterhaltungsmathematik namens „Mrs Perkins Quilt"[1], das auch von ernsthaften Mathematikerinnen und Mathematikern ausführlich untersucht worden ist. Die Grafik auf der nächsten Seite zeigt Lösungen für unterschiedliche Ausgangsgrößen.

Obwohl man mittlerweile für eine ganze Reihe von großen „Quadrat-Quilts" die minimale Zahl von Teilquadraten kennt, gibt es noch keine allgemeine Lösung für einen Perkins-Quilt mit Seitenlänge n. Eine obere Grenze

---

[1]Anm. d. Übers.: Ein Quilt ist eine Kunstform des Flickenteppichs.

ist von der Größenordnung von ln n – viel mehr weiß man leider noch nicht.

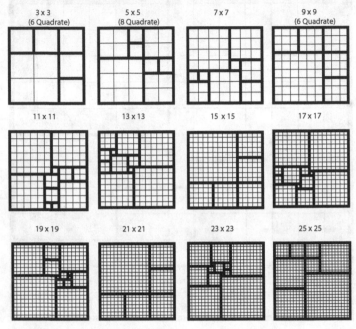

An die Arbeit, Rätslerland!

Das fehlende Würfelstück

Übersicht

Fans von Dungeons & Dragons haben sicher viele schöne Erinnerungen an den vierseitigen Würfel, der die Gestalt eines regelmäßigen Tetraeders aufweist. Manch einem mag während der langen, mit Fantasy-Kämpfen verbrachten Nächte aufgefallen sein, dass man fünf solche Pyramiden Seite an Seite aneinanderlegen kann, sodass sie ein fast exaktes Fünfeck formen. Doch ach, es bleibt ein kleiner Spalt zwischen zweien der Fünfecke, der nicht abgedeckt werden kann.

© Der/die Herausgeber bzw. der/die Autor(en), exklusiv lizenziert durch Springer-Verlag GmbH, DE, ein Teil von Springer Nature 2020
O. Roeder, *Fantastische Rätsel und wie Sie sie lösen können*, https://doi.org/10.1007/978-3-662-61728-1_41

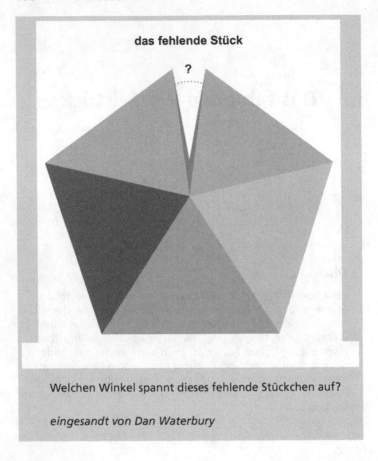

das fehlende Stück

?

Welchen Winkel spannt dieses fehlende Stückchen auf?

eingesandt von Dan Waterbury

Lösung

Es sind etwa 7,4°.

Wenn Sie wissen, wonach Sie suchen müssen, kriegen Sie die Antwort ganz schnell heraus, wenn Sie Ihre alte Enzyklopädie abstauben und (an der richtigen Stelle) aufschlagen. Oder etwas weniger ausgefallen Ihre bevorzugte Online-Enzyklop*e* dia konsultieren. Dort erfahren Sie dann so oder so, dass der Flächenwinkel zwischen zwei Seiten eines Tetraeders etwa 70,528.779° beträgt, genauer: arccos (1/3).

Dies mal 5 genommen (so viele Tetraeder legen wir zusammen) gibt 352,643.896°, es fehlen also 7,356.103°.

Doch wenn Ihnen externer Rat zuwider ist oder Sie es einfach mal allein probieren wollen, gibt es auch einen mathematischen Weg zur Lösung, der überdies kaum mühseliger ist als das Abstauben einer ganzen Enzyklopädie. Nehmen Sie dazu an, die Seiten der dreieckigen Seitenflächen Ihrer Tetraeder hätten die Länge 1. Wie groß ist dann die Höhe dieser Dreiecke?

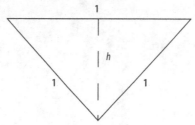

Pythagoras sagt es uns:

$$h^2 + \left(\frac{1}{2}\right)^2 = 1^2 \quad \Rightarrow \quad h = \frac{\sqrt{3}}{2}$$

Jetzt suchen wir den Flächenwinkel, also den Winkel, unter dem zwei der dreieckigen Tetraederseiten aneinanderstoßen. Nennen wir ihn γ (in der Grafik links).

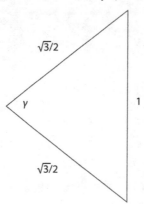

Die Antwort, also γ, liefert der Kosinussatz:

$$\cos \gamma = \frac{-1 + \frac{3}{4} + \frac{3}{4}}{2 \cdot \frac{3}{4}} = \frac{1}{3} \quad \Rightarrow \quad \gamma = \arccos \frac{1}{3} \approx 70{,}53°.$$

Ab hier geht es weiter wie oben. Wie schön, wenn man seine eigene Enzyklopädie sein kann.

Verstehen Sie das Architekturorakel?

Übersicht

Sie sollen einen ganz besonderen Turm errichten, nämlich aus vier verschieden gefärbten Teilen, die in beliebiger Reihenfolge aufeinandergestapelt werden können. Doch wenn Sie mit dem Bau beginnen, wissen Sie leider noch nicht, was die korrekte Reihenfolge ist. Während Sie Stück für Stück die Teile stapeln, können Sie das Architekturorakel befragen, das Ihnen jeweils mitteilt, ob null, ein, zwei, drei oder alle vier Teile an der richtigen Stelle sitzen. Ihr Turm ist erst dann fertig, wenn das Orakel bestätigt, dass die Reihenfolge stimmt. Wie oft müssen Sie schlimmstenfalls das Orakel befragen, um den Turm richtig hinzubekommen?

eingesandt von Andrew Simmons

© Der/die Herausgeber bzw. der/die Autor(en), exklusiv lizenziert durch Springer-Verlag GmbH, DE, ein Teil von Springer Nature 2020
O. Roeder, *Fantastische Rätsel und wie Sie sie lösen können*,
https://doi.org/10.1007/978-3-662-61728-1_42

Lösung

Im schlimmsten Fall brauchen Sie fünf Termine beim Architekturorakel.

Möglicherweise haben Sie zuerst auf 24 Anrufungen getippt, denn es gibt $4 \cdot 3 \cdot 2 \cdot 1 = 24$ mögliche Anordnungen der vier Bauteile. Aber ganz so schlimm kann es nicht sein. Sie müssen nicht alle 24 Fälle durchprobieren, nicht einmal im Worst-Case-Szenario, denn es lässt sich eine Menge aus den Antworten des Orakels lernen. (Insofern kein sehr typisches Orakel.)

Schauen wir uns einmal einen solchen Worst Case an. Sie haben dabei die Teile zunächst in der Reihenfolge *ABCD* aufgestapelt.

1. Das Orakel sagt „0". Sie tauschen *A* und *B* und erhalten *BACD*.
2. Das Orakel sagt wieder „0". Dann können *A* und *B* nicht auf den ersten beiden Plätzen sitzen, also vertauschen Sie *C* und *D* mit *A* und *B* und haben *CDBA*.
3. Hurra: Das Orakel sagt „2". Sie tauschen *D* und *C* und präsentieren dem Orakel *DCBA*.
4. Das Orakel sagt leider schon wieder „0". Sie tauschen *C* und *D* zurück und außerdem *A* und *B,* das gibt *CDAB*. Sie wissen zwar, dass das stimmen muss, aber die Regel verlangt, dass das Orakel das in seiner orakelhaften Art und Weise auch bestätigt.
5. Das Orakel sagt tatsächlich „4". Fertig.

Der Vollständigkeit halber fassen wir alle möglichen Abfolgen von Konstruktionen und Konsultationen in einem Baumdiagramm zusammen. Jede Zahl am Baum repräsentiert eine Antwort des Orakels, wenn der Turm noch nicht ganz korrekt ist. Jeder Schritt nach unten ist ein weiterer Gang zum Orakel, wenn der letzte Tipp falsch war:

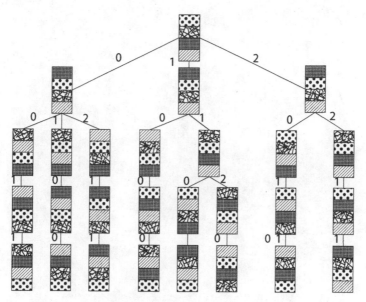

Die Farben müssen Sie sich leider dazudenken.

Lösen Sie das Rätsel des rasenden Widders auf dem Weg zum ... Oh, nein!

Übersicht

Ein vierschrötiger Schafzüchter steckt in der Südost-
ecke eines quadratischen eingezäunten Schafpferchs. Es
gibt zwei Tore, beide gleich weit vom Schafzüchter entfernt: eines im Südwesten und eines im Nordosten. Ein
(möglicherweise zu Recht) zorniger Schafbock rennt mit
konstanter Geschwindigkeit durch das südwestliche Tor in
den Pferch und dann direkt auf den Schafzüchter zu. Dieser
rennt daraufhin – naheliegenderweise – mit konstanter
Geschwindigkeit entlang des östlichen Zaunstücks auf das
nordöstliche Tor zu, um dem wütenden Schafbock zu ent-
kommen. Dieser rennt weiter, und zwar immer jeweils
direkt in Richtung der momentanen Position des Züchters.

Wie viel schneller muss der Züchter als der bockige
Widder sein, damit dieser seinen Besitzer erst direkt am
nordöstlichen Tor erreicht?

eingesandt von Chris Mills

© Der/die Herausgeber bzw. der/die Autor(en), exklusiv lizenziert
durch Springer-Verlag GmbH, DE, ein Teil von Springer Nature
2020
O. Roeder, *Fantastische Rätsel und wie Sie sie lösen können*,
https://doi.org/10.1007/978-3-662-61728-1_43

Lösung

Es stellt sich heraus, dass der Widder anscheinend ein Goldenes Vlies trägt. Wenn der Widder im Südwesten und der Züchter im Südosten starten und letzterer geradlinig Richtung Nordostecke rennt, während ersterer sich immer in Richtung augenblickliche Züchterposition orientiert, dann muss der Bock mindestens 1,681-mal schneller als sein Besitzer sein – genauer gesagt müssen die Geschwindigkeiten im Verhältnis des Goldenen (Schaf-) Schnitts stehen!

Sie können diese Aufgabe mit einer Kollektion extravaganter Analysis lösen. Der Pfad des Widders ist weder eine Gerade noch eine Parabel oder ein Kreisbogen, sondern eine sogenannte Radiodrome oder Verfolgungskurve (Sie ahnen, woher diese ihren deutschen Namen hat). Mir sagt jedoch der folgende, analysisfreie Ansatz mehr zu: Nehmen wir an, die (fixe) Geschwindigkeit des Züchters sei 1 und die Seitenlänge des quadratischen Pferchs sei ebenfalls 1 (passende Einheiten dazugedacht). Die gesuchte Widdergeschwindigkeit nennen wir V.

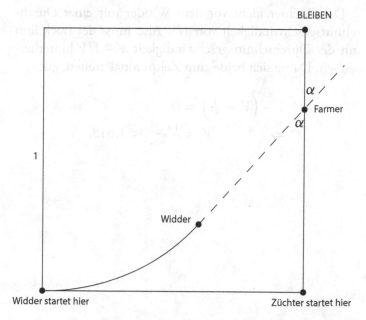

Zu jedem beliebigen Zeitpunkt während des Rennens ist die Widdergeschwindigkeit in Nordrichtung gleich V-mal die Züchtergeschwindigkeit entgegen der Verbindungslinie Widder–Züchter. Dies liegt daran, dass sich der Schafbock mit dem V-Fachen der Züchtergeschwindigkeit bewegt und der Winkel α zwischen der momentanen Bocklaufrichtung (gestrichelt in der Grafik) und der Nordrichtung der gleiche ist wie der zwischen der Nordrichtung und der momentanen Richtung entgegen der Verbindungslinie Widder–Züchter. (Es sind Scheitelwinkel.)

Da nach Voraussetzung Widder und Züchter nach einer Zeiteinheit am Nordostausgang eintreffen (Züchtertempo gleich 1 und Züchterweg gleich 1), muss die durchschnittliche Geschwindigkeit in Nordrichtung für beide Läufer 1 sein. Insgesamt ist der Schafbock natürlich schneller, aber er bewegt sich ja auch noch in West-Ost-Richtung.

Der Züchter flieht vor dem Widder mit einer Durchschnittsgeschwindigkeit von $1/V$. Also muss der Bock ihm mit der Durchschnittsgeschwindigkeit $V - 1/V$ hinterherrennen. Da sie sich beide zum Zeitpunkt 1 treffen, gilt

$$1 - \left(V - \tfrac{1}{V}\right) = 0$$
$$\Rightarrow \qquad V = \tfrac{1+\sqrt{5}}{2} \approx 1{,}618.$$

Wie groß können Sie Ihren Tisch tischlern?

Übersicht

Sie sind auf dem Do-it-yourself-Trip. Heute haben Sie sich vorgenommen, einen kreisförmigen Esstisch für Ihren Speisesaal zu bauen, der sich in zwei Hälften teilen lässt, um ihn mit Einlegebrettern für richtig große Empfänge hochzupimpen. Das Glück ist Ihnen hold und Sie finden bei Ihrem Holzhändler ein exquisites Stück Edelholz, das perfekt zu Ihren Plänen passt. Leider ist dieses Brett jedoch rechteckig, es misst 4 auf 8 m. Die Einlegeplatten würden Sie auch aus weniger wertigem Holz tischlern (die liegen dann ja eh unter der Damasttischdecke), doch die Ästhetik verlangt unmissverständlich, dass die beiden Halbkreise aus Ihrem wunderschönen 4×8-m-Brett geschnitten werden. Was Sie jetzt brauchen, ist ein Plan, wie Sie möglichst viel Tisch aus dem Brett bekommen.

Wie groß ist der Radius der größtmöglichen kreisförmigen Tischplatte, die Sie aus dem Brett herausholen können?

eingesandt von Eric Valpey

© Der/die Herausgeber bzw. der/die Autor(en), exklusiv lizenziert durch Springer-Verlag GmbH, DE, ein Teil von Springer Nature 2020
O. Roeder, *Fantastische Rätsel und wie Sie sie lösen können*,
https://doi.org/10.1007/978-3-662-61728-1_44

Lösung

Der Radius beträgt etwa 2,705.45 m.
Es gibt zwei gute Kandidaten für das gesuchte optimale
Schnittmuster, entweder dies hier:

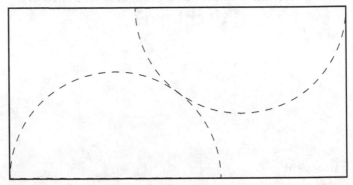

oder dies hier:

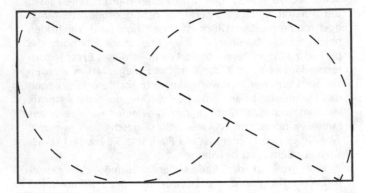

Welche der beiden Anordnungen erzeugt den ein-
drucksvolleren Tisch, also den größeren Tischplatten-
hälftenradius? Dies hängt vom Seitenverhältnis des
ursprünglichen rechteckigen Brettes ab. Wenn dieses
eher langgezogen ist, gewinnt das obere Muster, weil die
Halbkreise größer werden und Sie mehr von dem langen
Brett ausnutzen können. Bei einem kompakteren Brett

(mit eher ähnlich langen Seiten) ist das untere Muster geschickter, weil es weniger Verschnitt produziert. Bei einem Seitenverhältnis von etwa 2,5 liefern beide Konzepte gleich große Tischplatten.

Demzufolge gewinnt bei unserem 4×8-m-Brett mit dem Seitenverhältnis 2 das untere Schnittmuster. Lassen Sie uns ein bisschen Mittelstufengeometrie treiben, um den Radius des optimalen Tisches auszurechnen. Betrachten Sie dazu die folgende annotierte Version des Schnittmusters:

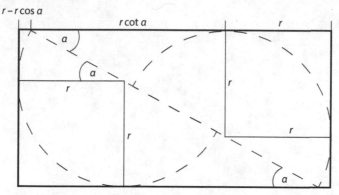

Wie Sie sehen, können wir die lange Seite des Rechtecks in drei Abschnitte teilen, die von links nach rechts die Längen $r - r\cos\alpha$, $r\cot\alpha$ und r haben. (Sie erinnern sich doch noch an die alte Geschichte mit Ankathete, Gegenkathete und Hypotenuse?) Jetzt müssen Sie nur noch ein bisschen umformen:

$$8 = r - r\cos\alpha + r\cot\alpha + r$$
$$8 - 2r = -r\cos\alpha + r\cot\alpha = 2r\sin\alpha$$
$$\cot\alpha = 2\sin\alpha + \cos\alpha$$
$$\alpha \approx 0{,}498.945.$$

Außerdem ist

$$r = \frac{4}{1 + \sin \alpha}.$$

Damit bekommen wir dann $r \approx 2{,}705.45\,$m.

Ein schnäkiger Sandwichesser

Übersicht

Jeden Morgen machen Sie sich vor der Arbeit ein Sandwich, natürlich nur aus ideal quadratischen Weißbrotscheiben. Die ideale Gestalt befriedigt Sie aber noch nicht, Sie verabscheuen die Rinde selbst von sehr weißem und quadratischem Weißbrot so sehr, dass Sie nur den Teil des Brotes essen, der näher am Mittelpunkt als am Rand der Scheibe ist. Damit Sie nicht doch einmal aus Versehen in die verkohlte, bretthorte Brotrinde beißen. Wie viel von der quadratischen Scheibe essen Sie unter dieser Maßgabe?

Zusatzaufgabe: Wie sähe es bei anders geformten Brotscheiben aus, etwa Dreiecken, Sechsecken, Achtecken usw.? Welche Scheibenform ist für einen neurotischen Rindenhasser wie Sie am besten geeignet?

eingereicht von @hatathi

O. Roeder, *Fantastische Rätsel und wie Sie sie lösen können,* https://doi.org/10.1007/978-3-662-61728-1_45

Lösung

Wenn Sie nur den Teil der Sandwichscheibe essen, der näher am Mittelpunkt der Scheibe als an deren Rand ist, sind das bloß $\frac{4\sqrt{2}-5}{3} \approx 21{,}9\,\%$. Ihre Neurose ist ziemlich ressourcenintensiv!

Wie kommt man dadrauf? Wir nehmen an, dass das Sandwich die Seitenlänge 2 hat, bzw. ein Viertel vom Sandwich die Seitenlänge 1 (das brauchen wir gleich). Dann enthält es im Koordinatensystem mit Ursprung im Scheibenmittelpunkt alle Punkte mit $|x| < 1$ und $|y| < 1$. Die (für Sie) essbare Portion sind alle Punkte näher am Mittepunkt als am Rand. Für den Abstand vom Mittelpunkt brauchen Sie den Satz des Pythagoras, damit erhalten Sie für diesen Abstand $\sqrt{x^2 + y^2}$. Der Abstand vom Rand könnte der Abstand vom linken bzw. rechten oder aber der vom oberen bzw. unteren Rand sein, je nachdem, welche Scheibenseite gerade am nächsten ist. Also nehmen wir die Minimumfunktion und formulieren unsere Bedingung mathematisch folgendermaßen:

$$\sqrt{x^2 + y^2} < \min\,(1 - |x|, 1 - |y|).$$

Wenn wir das plotten, sehen wir, dass die Antwort etwas weniger als 1/4 sein sollte. Die essbare Portion sieht nämlich so aus:

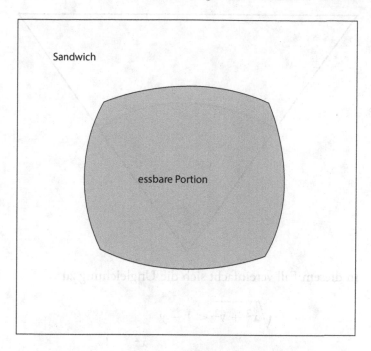

Wir schneiden uns jetzt den oberen Quadranten (vulgo: das obere Viertelscheibchen) heraus, der die Seitenlänge 1 hat und in dem überall $0 < |x| < y$ ist, der Rest folgt dann unmittelbar aus Symmetriegründen.

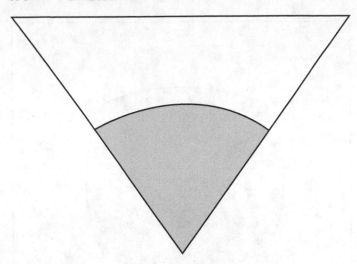

In diesem Fall vereinfacht sich die Ungleichung zu

$$\sqrt{x^2 + y^2} < 1 - y$$

$$\Rightarrow y < -\frac{x^2}{2} + \frac{1}{2}.$$

Dies zeigt, dass die Begrenzungskurven der essbaren Portion Parabelabschnitte sind.

Das obere Parabelstück endet an den Stellen, wo $y = |x|$. Einsetzen und Auflösen ergibt für die beiden Endpunkte die Koordinaten $\left(\sqrt{2} - 1, \sqrt{2} - 1\right)$ bzw. $\left(1 - \sqrt{2}, \sqrt{2} - 1\right)$. Wenn wir über die Kurve zwischen diesen Punkten integrieren, erhalten wir die Fläche zwischen ihr und der x-Achse, wobei wir $a = \sqrt{2} - 1$ setzen,

$$\int_{-a}^{a} -\frac{x^2}{2} + \frac{1}{2}dx = -\frac{a^3}{6} + \frac{a}{2} - \left[-\frac{(-a)^3}{6} + \frac{-a}{2} \right]$$

$$= -\frac{a^3}{3} + a$$

$$= \frac{2}{3}\left(2 - \sqrt{2}\right).$$

Damit haben wir jetzt aber etwas zu viel Fläche berechnet, denn die beiden in der folgenden Grafik markierten Dreiecke gehören ja schon zu den Nachbarquadranten:

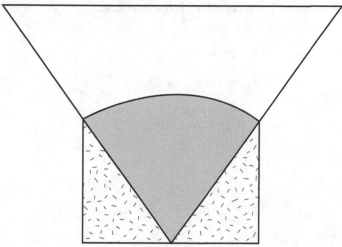

Diese rechtwinklig gleichschenkligen Dreiecke ergänzen sich zu einem Quadrat mit Seitenlänge $a = \sqrt{2} - 1$ und der Fläche $a^2 = \left(\sqrt{2} - 1\right)^2 = 3 - 2\sqrt{2}$. Dieses müssen wir noch abziehen:

$$\frac{2}{3}\left(2 - \sqrt{2}\right) - \left(3 - 2\sqrt{2}\right) = \frac{4\sqrt{2} - 5}{3} \approx 0{,}218.95$$

$$= 21{,}895\,\%.$$

Damit haben wir jetzt den (für Sie!) essbaren Flächenanteil eines Quadranten. Und weil alles ganz symmetrisch
ist, ist dies auch der entsprechende Anteil an der Gesamt-
sandwichfläche.

Wer hätte gedacht, dass es so schwierig ist, ein
Sandwich zu essen. Ich hatte ja in der Zusatzaufgabe
noch nach anderen Brotscheibenformen gefragt. Wenn
es sich um regelmäßige Vielecke handelt, deren Ecken-
zahl allmählich gegen ∞ geht und die daher immer kreis-
förmiger werden, nähert sich der Flächenanteil der von
Ihnen essbaren Region immer mehr dem Wert 1/4 bzw.
25 % an. Wenn Sie ein schnäkiger Esser sind, wählen Sie
Dönerbrot, Focaccia oder Hefeschnecken.

Der pragmatische Papa und seine eingezäunte Farm

Übersicht

Ein Farmer hat drei Töchter. Er wird alt und entscheidet sich, seine 1 Meile auf 1 Meile messende Farm gerecht unter den drei Töchtern aufzuteilen, indem er entsprechende Zäune einzieht. Was ist die kürzeste Länge Zaun, mit der er seine quadratische Farm in drei gleich große Flächen aufteilen kann?

eingesandt von Dan Calistrate

Lösung

Wenn Sie sich Ihre ersten Gedanken über die Lösung dieser Aufgabe machen, werden Sie vermutlich etwas wie den folgenden naheliegenden Entwurf skizzieren:

O. Roeder, *Fantastische Rätsel und wie Sie sie lösen können*,
https://doi.org/10.1007/978-3-662-61728-1_46

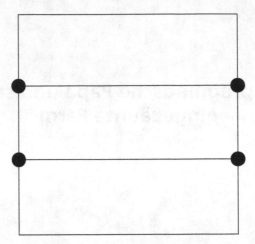

Mit zwei seitenparallelen Zäunen im richtigen Abstand haben Sie auf jeden Fall drei gleich große Parzellen und brauchen dazu 2 Meilen Zaun.

Aber niemand zwingt Sie, immer nur in eine Richtung zu denken. Also ziehen Sie als Nächstes zwei zueinander senkrechte Linien, wie die folgende Skizze zeigt:

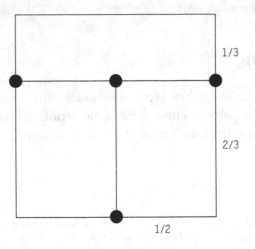

Wieder haben Sie drei gleich große Flächenstücke, die aber diesmal nicht alle kongruent (formgleich) sind. Dafür brauchen Sie jetzt aber auch nur noch $1^2/_3$ Meilen Zaun. Schon deutlich besser! Wenn Sie es so weit gebracht haben, sind Sie schon sehr gewissenhaft und effizient und haben sich die Anerkennung des agrikulturellen Sektors von Rätslerland verdient.

Doch geht da noch mehr? Ja, denn Sie haben eine Eingebung: Die Zäune müssen ja gar nicht immer zu irgendeiner Seite parallel sein. Sie könnten auch diagonal bzw. schräg verlaufen. Die nächste Skizze ist ein Y (der Farmer war seinerzeit ein Fan von Yoko Ono):

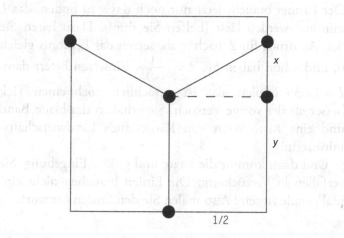

Jetzt wird die Sache natürlich ein kleines bisschen komplizierter, denn Sie müssen überlegen, von wo nach wo genau die Linien bzw. Zäune verlaufen sollen und wie lang diese dann werden. Mit ein bisschen Algebra und Analysis geht das dann aber doch ganz kommod. Zunächst wissen Sie, dass jede Parzelle eine Fläche von

genau 1/3 (Quadratmeilen) haben muss. Mit der Flächen-
formel eines Rechtecks sehen Sie, dass $\frac{y}{2} + \frac{x}{4} = \frac{1}{3}$ gelten
muss, mit anderen Worten $y = \frac{2}{3} - \frac{x}{2}$.

Wie viel Zaun verbraucht dieses Arrangement? Das
vertikale Stück hat die Länge $\frac{2}{3} - \frac{x}{2}$. Die beiden (spiegel-
bildlich angeordneten) Diagonalen sind jeweils Teile eines
rechtwinkligen Dreiecks, damit sagt uns Pythagoras, dass

ihre Länge $\sqrt{x^2 + (1/2)^2}$ sein muss. Also braucht unser
Maschendrahtzaun Maschendraht der Länge

$$L = \left(\frac{2}{3} - \frac{x}{2}\right) + 2\sqrt{x^2 + \left(\frac{1}{2}\right)^2}.$$

Der Farmer braucht jetzt nur noch das x zu finden, das L
minimal werden lässt (helfen Sie ihm!). Dazu leiten Sie
den Ausdruck für L nach x ab, setzen das Ergebnis gleich
0, und schon haben Sie $x = \frac{1}{2\sqrt{15}}$. Einsetzen liefert dann
$L = 1{,}635$ Meilen, das ist tatsächlich noch einen Tick
besser als der vorige Versuch. Sie erhalten das blaue Band
und eine Kiste Wein von Rätslerlands Landwirtschaftsministerin!

Und dann kommt die letzte und größte Eingebung, Sie
verfallen in Verzückung: Die Linien brauchen nicht einmal gerade zu sein! Also malen Sie den finalen Entwurf:

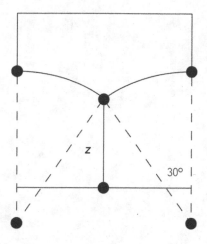

Grundsätzlich ähnelt dieser letzte Entwurf dem vorigen, jetzt sind aber die Arme des Y etwas nach außen gebogen. Genauer gesagt sind das Kreisbogenabschnitte mit einem Sektorwinkel von 30° und Kreismittelpunkt irgendwo da unten. Die Mathematik wird jetzt noch ein bisschen mühsamer und sei daher, den Traditionen der mathematischen Lehrbuchliteratur folgend, der Leserin und dem Leser zur Übung überlassen. Am Ende zeigt sich, dass z etwa 0,576 Meilen lang ist, der Radius der Kreissektoren 1 Meile beträgt und die gesamte Zaunlänge bei 1,623 Meilen rauskommt. Das bisher beste Ergebnis! Gratulation – Sie sind die neue Landwirtschaftsministerin (oder der neue Landwirtschaftsminister) von Rätslerland.

Die Einsamkeit des Langstreckenschwimmers

Übersicht

Zwei Langstreckenschwimmer stehen am Strand, direkt an der mathematisch geraden Wasserlinie. Sie starten genau 100 m voneinander entfernt und schwimmen mit exakt gleicher Geschwindigkeit. (Der Meeresboden fällt so steil ab, dass das von Anfang an geht.) Schwimmerin A hält direkt aufs offene Meer zu, schwimmt also senkrecht zur Küstenlinie. Schwimmer B schwimmt immer genau in Richtung der momentanen Position von A. Mit der Zeit wird B die von A geschwommene gerade Linie erreichen und dann mit konstantem Abstand hinter ihr herschwimmen.

Wie groß ist dieser Abstand?

eingesandt von Scott Cardell

Lösung

Der konstante Abstand ist 50 m.

© Der/die Herausgeber bzw. der/die Autor(en), exklusiv lizenziert durch Springer-Verlag GmbH, DE, ein Teil von Springer Nature 2020
O. Roeder, *Fantastische Rätsel und wie Sie sie lösen können*,
https://doi.org/10.1007/978-3-662-61728-1_47

Wieso? Betrachten wir zunächst eine grobe Skizze der beiden Wege, auf welchen *A* und *B* durchs Wasser pflügen.

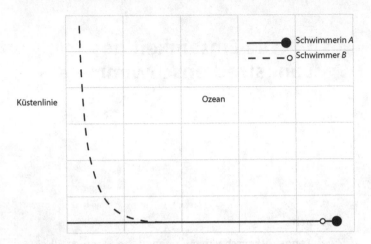

Der Weg von Schwimmer *B* in Richtung der Spur von Schwimmerin *A* ist nicht, wie man vielleicht annehmen könnte, ein Viertelkreis, sondern eine sogenannte Radiodrome oder Verfolgungskurve. (Vergleichen Sie dazu das „Rätsel des rasenden Widders auf dem Weg zum … Oh, nein!")

Wir nehmen die mathematisch gerade Küstenlinie als *y*-Achse und die Bahn von Schwimmerin *A* als *x*-Achse. Dann startet *B* laut Aufgabenstellung am Punkt (0; 100). Weiter seien *d* die aktuelle Distanz zwischen *A* und *B* und *f* die Differenz ihrer *x*-Koordinaten. Nun zeichnen wir das Dreieck aus den Punkten „Position von *A*", „Position von *B*" und „nächster Punkt zu *B* auf der *x*-Achse".

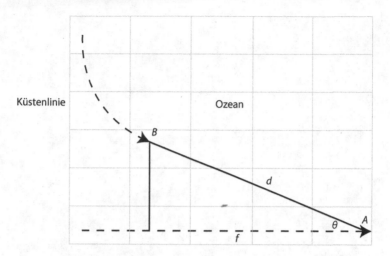

d und f sind zwei Seitenlängen dieses rechtwinkligen Dreiecks. Den Winkel zwischen den beiden betreffenden Seiten nennen wir θ. Beim Schwimmen vergrößert A die Strecke f mit der Rate v (ihrer Geschwindigkeit), während B die Strecke f mit der Rate $v \cdot \cos \theta$ verringert. (Der Kosinus ist das Verhältnis der am Winkel anliegenden Kathete zur Hypotenuse, nicht wahr?) Umgekehrt reduziert B die Strecke d mit der Rate v, während A die Strecke d mit der Rate $v \cdot \cos \theta$ vergrößert. Damit ändert sich die Summe $d+f$ mit der Rate $v - v \cdot \cos \theta - v + v \cdot \cos \theta = 0$. Einfacher ausgedrückt: $d+f$ ist konstant. Am Anfang sind $d = 100$ und $f = 0$, also ist $d+f$ während des gesamten Badegangs konstant gleich 100. Ist B irgendwann komplett in A's Spur eingebogen, ist $d = f$, und das bedeutet $f = d = 50$ m.

Vorsicht mit dem Martiniglas!

Übersicht

Es ist Freitagabend. Sie haben mächtig einen draufgemacht und dabei unter anderem so viel von Ihrem Martini getrunken, dass im aufrecht stehenden Glas der Martinispiegel in einem gewissen Bruchteil p der Höhe liegt (ignorieren Sie dabei den Stiel des Glases). Wenn Sie das Glas bis gerade zu dem Punkt neigen, wo es überlaufen würde, wie hoch steht der Martini dann auf der gegenüberliegenden Seite?

eingesandt von einem anonymen Philosophieprofessor

Lösung

Beginnen wir mit einer Cocktailskizze:

© Der/die Herausgeber bzw. der/die Autor(en), exklusiv lizenziert durch Springer-Verlag GmbH, DE, ein Teil von Springer Nature 2020
O. Roeder, *Fantastische Rätsel und wie Sie sie lösen können*,
https://doi.org/10.1007/978-3-662-61728-1_48

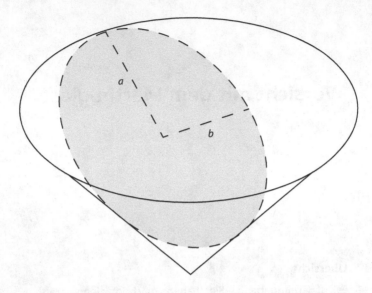

Der gestrichelt eingezeichnete Umriss des Martinispiegels, also der Schnittfläche von Kegelglas und horizontaler Ebene, ist eine Ellipse. Also bildet das Martinivolumen einen schrägen elliptischen Kegel (einen Kegel mit elliptischer Grundfläche, dessen Spitze nicht über dem Mittelpunkt der Grundfläche liegt). Wie bei jedem wie auch immer geformten Kegel ist auch in diesem Fall das Volumen 1/3 mal Grundfläche mal Höhe h. Die Grundfläche einer Ellipse ist π-mal das Produkt der beiden Halbachsen, also πab.

Nehmen wir an, dass Ihr Lieblingsmartiniglas ein Kegel mit Höhe und Radius 1 ist (den Stiel vernachlässigen wir wie gesagt). Wir vergeben uns nichts mit dieser Annahme, wir könnten jedes andere Glas in diese Form ummodeln, ohne dass sich etwas an der Lösung ändern würde. Insbesondere erhalten wir aus dem Lieblingsglas einen geraden Kreiskegel mit beliebiger anderer Größe und Gestalt mit den folgenden zwei Transformationen: vertikale Skalierung für die Gestalt und

3D-Skalierung für die Größe. Beide Operationen verändern das Volumen aller infrage kommenden Objekte in der gleichen konstanten Weise, also wird das Verhältnis des Martinivolumens zum Glaskegelvolumen immer das gleiche bleiben. Und dazu beeinflussen beide Operationen Abstände auf einander entsprechenden Linien auf gleiche Weise, sodass sich das Abstandsverhältnis, nach dem in der Aufgabe gefragt ist, ebenfalls nicht ändert.

OK. Wir dürfen schadlos unser Lieblingsmartiniglas verwenden. Steht es aufrecht, ist das Martinivolumen $\pi p^3/3$ (Lieblingsradius und -höhe sind ja 1). Weil es außerdem auch $\pi abh/3$ beträgt, wissen wir, dass $abh = p^3$. Nun sei x die Höhe der aufrechten Flüssigkeit (und damit das in der Aufgabe gefragte Verhältnis). Die Fläche des von der Flüssigkeit eingenommenen Dreiecks (siehe nächste Abbildung) ist ah und daher haben wir

$$ah = \tfrac{1}{2}\sqrt{2} \cdot \sqrt{2}x = x.$$

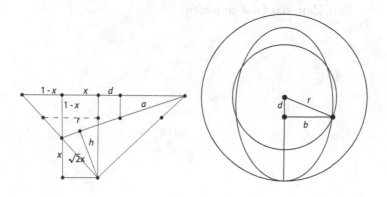

Mit r als dem Radius des Glaskegels in der Höhe, wo der Mittelpunkt der Ellipse liegt, können wir dann schreiben:

$$r = x + \frac{1-x}{2} = \frac{x+1}{2}$$

$$d = 1 - \frac{x+1}{2} = \frac{1-x}{2}$$

$$b = \sqrt{r^2 - d^2} = \sqrt{x}$$

$$abh = x\sqrt{x} = p^3$$

$$x = p^2.$$

Sagen wir einmal, Sie hätten Ihren Martini so weit heruntergenippt, dass der Martinispiegel auf halber Kegelhöhe liegt, wenn Sie das Glas auf den (natürlich ideal horizontalen) Mathematikertisch stellen (also $x = 0,5$). Wenn Sie jetzt das Glas vorsichtig neigen, bis gerade noch nichts überläuft, können Sie erwarten, dass der Drink auf der Gegenseite 1/4 der Höhe erreicht (das ist dann p).

Puh. Zeit, das Glas zu leeren.

Wo rennen die Rangen der Rancher?

Übersicht

Wir betrachten vier quadratische Ranches, die in einem
2 × 2-Muster angeordnet sind, als wären sie Teil eines
ziemlich großen Schachbretts. Auf jeder Ranch leben ein
Rancher und eine Rancherin mit ihren Kindern in einem
kleinen Haus, das zufällig und von den anderen Familien
unabhängig irgendwo auf dem jeweils eigenen Grundstück errichtet wurde. Die Familien lernen sich kennen
und schätzen und bauen vier geradlinige Wege, die über
die Ranchgrenzen hinweg die Häuser verbinden und auf
diese Weise ein Viereck formen, an dessen Ecken je ein
Haus steht. Dieser viereckige Rundweg ist gleichzeitig
die Begrenzung des Geländes, innerhalb dessen die zahl-
reichen Kinder der vier Familien herumtoben dürfen.

© Der/die Herausgeber bzw. der/die Autor(en), exklusiv lizenziert
durch Springer-Verlag GmbH, DE, ein Teil von Springer Nature
2020
O. Roeder, *Fantastische Rätsel und wie Sie sie lösen können*,
https://doi.org/10.1007/978-3-662-61728-1_49

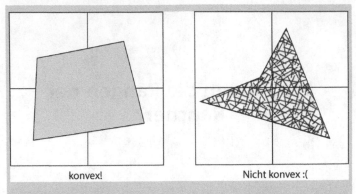

konvex!   Nicht konvex :(

Wie wahrscheinlich ist es, dass die Kinder von jedem Punkt innerhalb ihres Auslaufs zu jedem anderen Punkt auf einer geraden Linie rennen können, ohne den erlaubten Bereich zu verlassen? Es sind sehr verständige Rancherkinder. (Die Frage ließe sich natürlich auch so stellen: Mit welcher Wahrscheinlichkeit ist ein Viereck konvex?)

eingesandt von Stephen Carrier

Lösung

Die Wahrscheinlichkeit beträgt etwa 91 %. Die Kinder können also ziemlich wahrscheinlich überall in gerader Linie hinrennen, wo sie innerhalb des erlaubten Tobebereichs hinwollen.

Sie wählen vielleicht einen computerbasierten Lösungsansatz bzw. eine Simulation, wobei Sie den Rechner Tausende und Abertausende von Häusern auf entsprechend vielen Ranch-Nachbarschaften errichten und jeweils die Konvexität der gebildeten Vierecke überprüfen lassen. Es gibt aber auch eine exakte analytische Antwort:

$$\frac{11}{6} - 4 \cdot \frac{\ln 2}{3} \approx 0,909.137.$$

Darauf kommen Sie mit ein bisschen Geometrie, Wahrscheinlichkeitsrechnung, Gleichungsumformung und Integrieren. Es braucht schon ein ganzes Potpourri an Mathe, um eine Ranch auf die Reihe zu kriegen!

Beginnen wir mit diesem sehr hilfreichen Diagramm:

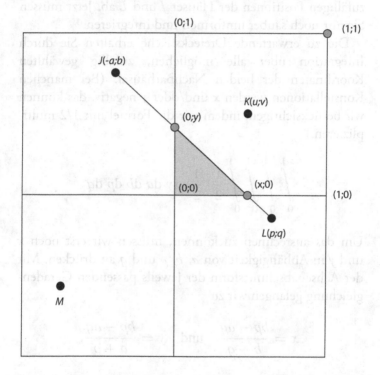

Die schwarzen Punkte J, K, L und M sind die Standorte der hypothetischen Häuser unserer Rancherfamilien. In jedem möglichen Arrangement der vier Häuser ist maximal eines ein „Störenfried", der die konvexe Glückseligkeit verhindert. Die Wahrscheinlichkeit, dass z. B. K der Störenfried ist, ist die Wahrscheinlichkeit, dass K in das graue Dreieck im Diagramm fällt. Wäre das der Fall, dürften die Kinder nicht in gerader Linie von Haus J zu Haus L rennen.

Wie wahrscheinlich ist das denn? Die Wahrscheinlichkeit ist einfach die Fläche des grauen Dreiecks, denn das Grundstück von Familie *K* hat ja die Fläche 1. Die Dreiecksfläche ist Grundseite mal Höhe durch 2, also *xy*/2, und der Erwartungswert dieser Fläche hängt von den zufälligen Positionen der Häuser *J* und *L* ab. Jetzt müssen Sie nur noch sauber umformen und integrieren.

Die zu erwartende Dreiecksfläche erhalten Sie durch Integration über alle möglichen, zufällig gewählten Koordinaten der beiden Nachbarhäuser. (Bei manchen Konstellationen werden *x* und/oder *y* negativ, das können wir berücksichtigen, indem wir die Formel mit 1/2 multiplizieren.)

$$\int_0^1 \int_0^1 \int_0^1 \int_0^1 \frac{1}{2} \cdot \frac{1}{2} \cdot xy \,\mathrm{d}a\,\mathrm{d}b\,\mathrm{d}p\,\mathrm{d}q$$

Um das ausrechnen zu können, müssen wir erst noch *x* und *y* in Abhängigkeit von *a*, *b*, *p* und *q* ausdrücken. Mit der Achsenabschnittsform der jeweils passenden Geradengleichung gelangen wir zu

$$x = \frac{bp - aq}{b + q} \quad \text{und} \quad y = \frac{bp - aq}{a + p},$$

was wir dann in das obige Integral einsetzen. Da die anderen drei Häuser bzw. Viereckecken genauso als Störenfriede in Erscheinung treten könnten, multiplizieren wir das Ganze noch mit 4. Und zu guter Letzt sind wir ja an der Wahrscheinlichkeit interessiert, dass das Viereck konvex ist, also *keinen* Störenfried hat, folglich ziehen wir das erhaltene Ergebnis von 1 ab:

$$1 - \int\limits_0^1 \int\limits_0^1 \int\limits_0^1 \int\limits_0^1 \frac{(bp - aq)^2}{(b + q)(a + p)} \; \mathrm{d}a \; \mathrm{d}b \; \mathrm{d}p \; \mathrm{d}q \approx 0{,}909.137.$$

Das ist von Hand ziemlich mühsam, nutzen Sie also ruhig die Numerik-Power Ihres elektronischen Equipments.